习茶与悟道

茶文化随笔

赵国栋　著

·广州·

图书在版编目（CIP）数据

习茶与悟道：茶文化随笔/赵国栋著．—广州：中山大学出版社，2019.12
ISBN 978-7-306-06790-6

Ⅰ．①习…　Ⅱ．①赵…　Ⅲ．①茶文化—通俗读物
Ⅳ．①TS971.21-49

中国版本图书馆 CIP 数据核字（2019）第 279326 号

出 版 人：王天琪
策划编辑：嵇春霞　曹丽云
责任编辑：曹丽云
封面设计：刘　犇
责任校对：王　璞
责任技编：何雅涛
出版发行：中山大学出版社
电　　话：编辑部 020-84110771，84113349，84111997，84110779
　　　　　发行部 020-84111998，84111981，84111160
地　　址：广州市新港西路 135 号
邮　　编：510275　　传　　真：020-84036565
网　　址：http：//www.zsup.com.cn　E-mail：zdcbs@mail.sysu.edu.cn
印 刷 者：广州市友盛彩印有限公司
规　　格：889mm×1230mm　1/32　7.5 印张　150 千字
版次印次：2019 年 12 月第 1 版　2019 年 12 月第 1 次印刷
定　　价：28.00 元

赵国栋简介

河北省昌黎县人，中国人民大学博士研究生，现在西藏民族大学从事科研、管理和教学工作。获“中华优秀茶教师”称号。现为国家自然科学基金评议专家、洛阳师范学院客座教授。

获国家民族事务委员会优秀成果奖、西藏哲学社会科学优秀成果奖、陕西哲学社会科学优秀成果奖等省部级科研奖励4项，地市级科研奖励5项。主持并完成国家社会科学基金项目、国家自然科学基金项目及省部级科研项目多项。

出版《西藏文化产业研究：体系、实证与理论》《茶叶与西藏：文化、历史与社会》《茶谱系学与文化构建：走进西藏茶叶消费空间的秘密》《西藏茶文化》《茶与社会》等多部著作。在《中国藏学》《西藏研究》《农业考古》《西藏民族大学学报》《文化软实力研究》《中国茶叶》等刊物上发表学术论文60余篇。

目 录
Contents

文献编

对话：理解中华茶文化的视角

编者按　茶被誉为中国的“第五大发明”。茶人、茶叙、茶事、茶文化，一个与茶元素息息相关的文本范式体系，不仅构建了中华茶语世界独特的文化属性与文化生态，而且深深地影响着世界绝大多数国家和地区人民的生活方式与社会意识。

对于世代居于祖国西南边陲、青藏高原西南部的藏民族而言，茶的社会学含义与社会生活中之茶同等重要。除狭义上严格界定产地和消费对象的“藏黑茶”之外，酥油茶和甜茶更是与藏族普通劳动者的生活与情感血脉相连，不仅孕育了独具魅力的藏茶文化，还承载着千百年来藏族人生生不息的文化基因和文化符号，塑造了藏族人热情友善、质朴坚韧的民族性格。

新时期，深入研究西藏茶之社会学含义，充分挖掘西藏茶文化之社会价值，精心打造西藏茶文化旅游之名片，全力开辟西藏茶文化之对外交流，用心讲述西藏茶文化之故事，是促进西藏社会文化繁荣发展、推进文旅产业创新融合、全面建设面向南亚开放新格局的重要途径之一。

故此，西藏民族大学旅游管理教研室“民大文旅”公众号（以下简称“民大文旅”）特邀西藏茶文化知名学者、西藏民族大学科研处赵国栋老师带我们一起走进茶语世界，在觅新知、品茶香之中，深深感受中华藏茶文化的独特魅力与时代价值。

民大文旅：今天来采访之前我们做了很多的准备工作，看到赵老师对古籍也有很多研究，比如《二刻拍案惊奇》《归田录》《西湖志》《长物志》等。我们知道，古籍作为文学艺术的一种，来源于生活又高于生活，文学反映了一定的社会现实。请问赵老师，这些古籍当中有没有对茶元素的体现呢？能否列举一二？

赵国栋：公元 780 年，陆羽的《茶经》面世，这成为中华茶文化重要的事件之一，从文化视域而言，甚至对世界文明进程产生了重要影响。自此之后，中华茶饮与茶文化发展便深深融入中华民族的方方面面，尤其是日常生活之中。这就形成了大量中华古籍文献和各类优秀文学作品中或多或少地包含茶文化元素的现象。从数量庞大的唐诗宋词到光怪陆离的唐宋传奇，再到元曲，直至明清重要文学著作，无一例外。“四大名著”中更是如此，以《红楼梦》最为典型。曾有人质疑，《西游记》中基本是神、佛、妖的世界，何来饮茶或茶文化元素？实际上，这样的观点忽视了中华茶文化融于社会生活中后形成的生活世界的深刻影响，以及这种影响对文学创作产生的微妙浸淫。

之前我曾做过一些典籍和文学作品的分析，通过解读，我发现茶叶或者茶文化在其中的作用已经远远超越了一种文化元素的定位或应发挥的作用，比如《红楼梦》中对茶的运用。我做了初步统计，120 章（回）的《红楼梦》中，关于茶的描写出现频率为 17.82%，若按章（回）来分，则有 98 章（回）涉及茶叶或茶文化的内容，占到 81.7%。可以说，茶是全书故事情节进展的一条重要线索与纽带。而实际上，如果我们深入分析这些情节就会发现，茶在故事中已经形成了重要的社会学元素。书中对“以茶漱口”着墨较多，在第 2 回、第 28 回、第 31 回等中都有运用，这些行为与互动充分展现了故事中不同群体的社会特征；还有大量通过茶叶的“吃”“让”“赏”“示礼”“以茶祭奠”“奠茶焚纸”等情节展现和强化了社会关系与秩序。

因此，当我们真正深入到一些古典名著中之后，就可以发现其中博大而精妙的茶文化穿梭其间，让人感慨之时也获得许多关于当时社会文化、社会关系和社会结构的信息。如果我们用更广阔的视野去看待的话，中国 56 个民族，甚至许多不成为民族的特色群体都拥有自己的茶文化，其中既有自己的特色，也体现着中华茶文化的某些共性。这在各民族、群体的文献典籍或文学作品中都有一定程度的体现。比如著名史诗《格萨尔》就是如此。

民大文旅：通过刚才赵老师对文学作品中有关茶元素的讲解，相信大家对茶文化都有了一定的认识。每个民族都有不同品种的茶、茶的不同喝法和习俗。赵老师现在研究的主要是藏茶，那么，能为我们介绍一下什么是藏茶吗？

赵国栋："藏茶"这一名称的由来尚没有统一权威的认定，但已经被广泛认可和使用。一般我们可以从广义和狭义两个角度来理解这个词。广义的"藏茶"指"藏族聚居区民众在历史上曾经饮用过的茶"，狭义的"藏茶"一般指以四川雅安生产的销往藏族聚居区的边茶为主的四川边茶。以四川雅安为中心所产的专供西藏群众饮用的茶为全发酵的黑茶类，有两个要点：一是消费对象为藏族聚居区民众；二是制作中心是雅安。

谈藏茶可以有许许多多的话题，而且都具有丰富的内容。目前关于藏茶的论著、科普读物已经比较多了，比如李朝贵、李耕冬先生于2007年出版了《藏茶》一书，通过多维度展现了藏茶的方方面面。雷波先生于2013年出版了《发现藏茶》一书，对藏茶的历史、传说、生产、茶艺、茶器、茶俗、茶疗、选购等许多方面进行了介绍。四川农业大学成立了“中国藏茶文化研究中心”，西藏自治区也成立了茶文化研究协会。这些都表明藏茶文化是中华茶文化大家庭中重要而不可分割的一员。

我个人认为，仅仅谈什么是藏茶，除了常规茶文化涉及的内容外，还有几个方面应该强调。一是广义上而言藏茶的归类，应该从历史视域进行分析，以动态的角度去看待，而不能主观地断定藏茶就是黑茶，或藏茶就是紧压茶。比如按时间序列，藏茶总体呈现前期以绿茶为主，后期以黑茶为主，中期黑茶、红茶、绿茶等茶类相互间杂的特征。二是我们应该看到藏茶的包容性，即不应仅仅将其限定为四川雅安供应藏族聚居区的茶叶，还应看到历史上云南、湖南、陕西等地的茶叶，甚至印度的茶叶在中国西藏及其他藏族聚居区消费的情况，同时也不能排除那些对于藏族群众而言有着特殊意义的“非茶之茶”。三是我们以现代生活理念去分析藏茶的实质时，应该把握一个向度，也就是广义上的“藏茶”已经超越了一般意义上纯粹的茶叶的范畴，上升为一种健康理念与生活态度，或者是对西藏文化与环境的一种现代反思与追寻。四是关于藏茶茶艺的问题。在茶艺表演中，藏茶茶艺并未受到广泛认可，所以展示机会也很少，甚至有一些人主张藏茶就是酥油茶和甜茶，没有什么茶艺可谈，实际上这是应该纠正的错误观念。藏茶不但拥有自己质朴的茶艺内容和形式，其传达的物与人交融的生活理念也是中华茶艺不能忽视的重要组成部分。

民大文旅：西藏茶文化及其研究目前整体处于一种怎样的状态？

赵国栋：我一直在做西藏茶文化的研究。目前，从文化领域或藏学领域研究西藏茶文化的学者非常少，这其中可能有多方面的原因，但我觉得有一点非常重要，也就是它的重要性还没有得到广泛认可。就目前状态和未来发展而言，我想强调以下几个方面：

第一，西藏有着浓郁的茶文化，但是目前很少有人知道、了解这些文化内容和形式，也就是这种文化在慢慢地被现实生活遗忘。一些学者和产业界人士显然在努力，但整体而言，广大的藏学学者和文化学者并未对此给予充分的重视，这一状况亟须改变。

第二，在西藏，酥油茶和甜茶是人们日常不可缺少的，甜茶似乎更受欢迎，而酥油茶在广阔无垠的牧区生活中意义重大且无法取代。茶叶在西藏有着特殊的意义，其文化影响、日常生活价值不可取代。

第三，西藏茶文化无论是以文化形式，还是以文化产业形式，抑或是以文旅产业形式存在，都具备独有的特色以及不可取代的优势，具备巨大的文化价值和产业价值，是西藏经济社会可持续健康发展中大有可为的文化价值元素。

第四，深入系统的研究有待于进一步突破。虽然我本人于2012年获得了首个关于西藏茶文化研究的国家社会科学基金项目“社会学视角西藏传统茶文化研究”，并于2015年出版了《茶叶与西藏：文化、历史与社会》，于2017年出版了《茶谱系学与文化构建》，但整体而言，茶文化学等均属于哲学社会科学范畴，目前整体处于边缘地带。目前，与茶文化相关的专项科研项目很少，级别也低。截至2017年，国家社会科学基金项目中只有17项与茶有关，属社会学学科的有3项，历史学和管理学的居多。相关科普性作品较多，但深入系统的学术研究较少。与茶社会学、茶文化学等相关的代表国家水准的重大科研成果少。从西藏茶文化角度而言，情况更是如此。虽然有了一定的研究和成果，但整体还很薄弱。甚至没有一本关于西藏茶文化的科普书籍。

第五，我个人认为，可以从以下几个方面推进西藏茶文化的多维度建设：①以社会主义核心价值观为引领，做好顶层设计，明确发展方向；②加大研究和人才建设力度，推进高校茶文化学科建设，完善茶文化学科人才建设体制；③加大宣传和传播力度，在“茶饮食供给侧”方面加大改革力度；④加大茶文化在社会公共空间的应用，加大西藏旅游中雅俗共赏的茶文化运用，并引导和推进雅俗共赏的饮茶空间建设；⑤引导和加大饮茶雅文化在社会治理中的应用，把文化熏陶与法律约束、纪律约束等刚性手段相结合，提升治理效果。

民大文旅：您认为西藏具备开展茶文化生态旅游的基础和条件吗？

赵国栋：2015 年，我连续在《西藏民族大学学报》和《农业考古》上发表了 2 篇文章，专门讨论西藏茶文化生态旅游的构建与发展问题。我觉得西藏不但能够开展茶文化旅游，而且具有独特的优势，如果打造得力，西藏茶文旅将是西藏文化产业和西藏旅游产业中一张具有独特魅力的名片。从意义角度而言，比如可以提升西藏文化的吸引力与艺术魅力；提升西藏文化产品的文化品牌与价值，促进生态旅游产品的产业链条打造；有助于进一步推进西藏生态旅游建设，促进旅游市场健康良性可持续发展；促进西藏的社区参与文化建设；有利于对生态旅游区进行更具民族特色的旅游管理；有利于推进旅游区的环境保护工作，转变旅游模式；有利于西藏第三产业的全面发展，尤其是能够提升相关产品的文化附加值与吸引力；通过茶文化的形式与内容，最直接地展示西藏与内地不可分割的有机联系；等等。这里我简要说几点看法。

第一，茶文化与生态旅游有着天然的契合性，所以，西藏开展的生态旅游不应排斥茶文化。一是茶文化的载体——茶叶与茶园是自然生态的典型代表；二是茶文化本身是人文生态的典型代表。目前开展的茶文化旅游已经显示了其生态性特征，并取得了较好的效果，福建、云南、江西、四川都具有良好经验。在国外，斯里兰卡更是取得了显著的产业成果。

第二，从可操作性而言，利用西藏特有的茶文化内容以及优质的高原茶园，西藏完全能够开展茶文化生态旅游，而且茶文化完全可以融入西藏整体的生态旅游产业中，为西藏经济社会和精神文明发展贡献力量。西藏茶文化生态旅游理念和内容是清晰的，也是完全可以支撑茶文化旅游产业发展的。

第三，从具体的发展策略而言，我们可以考虑两个维度、八个方面。第一个维度是原则性策略维度，应包括如下方面：①建立和完善相关基础设施，这是基础设施推进策略；②开发主体多元参与性，这是主体推进策略；③资源利用与旅游产品设计的因地制宜性，这是资源开发策略；④游客体验的共鸣性，这是游客市场可持续策略。第二个维度是实践性策略维度，应包括如下方面：①拉萨市实行“原地浓缩型”策略。原地浓缩型开发模式是指将当地的建筑、服饰、风俗等集中呈现，让游客可以领略当地的风韵，比如由当地政府或投资商兴建主题园等。②林芝易贡茶场实行整合提升型策略。③林芝察隅、墨脱等地实行建设利用型策略。所谓建设利用型策略是指在全面规划的前提下，把茶园建设与茶文化生态旅游相结合，在开辟新茶园的同时即规划出相关旅游事项。④在策略设计中还必须关注与茶文化生态旅游相关的附加环节，如茶文化酒店或主题宾馆的设计、旅行社的旅游线路设计等。虽然二者不在茶文化生态旅游规划策略的核心范畴之内，但与其密切相关。

第四，虽然西藏具备开展茶文旅的独特优势，其对社会、经济和人民群众生活都可以发挥出积极且重要的作用，但我们也不能忽视存在的挑战和威胁。比如，西藏生态旅游基础设施仍有欠缺；旅游重点不突出，尚未形成鲜明的旅游形象与品牌；有旅游季节的限制；内地茶文旅竞争大；等等。我们应正视这些问题，多措并举，在应对中推进西藏茶文化生态旅游的有效开展。

（本部分内容来自西藏民族大学旅游管理教研室“民大文旅”公众号对作者的采访，且在原稿基础上做了删减。采访与整理：王嘉瑞、邢永民；摄影、导读：吕悠；审核：陈娅玲；责任编辑：余正军。）

理论编[1]

① 本编相关内容除标记的外，其余原发表在《农业考古》2018 年第 5 期、2019 年第 2 期。有改动。

第一章　历程之始：茶之缘

生活其实本质是生存与活着的有机统一，生活的存在证明我们存在，生活的意义赋予了我们存在的意义。所以，任何关于生活的哲学命题，都并非简单的生命问题，而是生活背后的关于人的意义和本质的问题。

若反思西方的现象学，实际上，胡塞尔所倡导的生活世界的回归蒙着一层薄薄的面纱，从而把人们带入先验唯心的困局之中。回归到生活世界之中本质上应该是唯物的和辩证的，这在马克思和恩格斯对黑格尔思辨的形而上学的反对中得到了有效的体现，他们强调生活的本质就是生于大地之上的，劳动和社会关系的总和才是把握生活真谛的钥匙。

在中国以及中国的文明史中，茶就是劳动和社会关系的一个缩影，它不但直接转化为生活，创造并时时刻刻改造着社会关系，更代表着生活世界中的具有广泛群体代表性的普遍意义与价值追寻。苏格拉底曾有这样的论断：未经审视的生活是不值得过的。将其运用于中国茶文化和茶生活之中，我们发现了“茶圣”陆羽在《茶经》中所言“为饮最宜精行俭德之人”之句的哲学意蕴。这是一个关于人生的意义和价值取舍的问题，而非仅仅局限于一个简单的喝茶群体的界定问题。这种对生活的意义和价值的定位与执着使我们具备了生活的智慧，从而摆脱悲哀、恐惧、动荡和不安带来的对内心自我的奴役。古罗马哲学家爱比克泰德曾发问：你可否愿意过着错误的生活？你是否忍受恐惧、悲哀和动荡的生活？个人要摆脱外在设定的奴役就必须看到意义与价值，而意义和价值的本体就是我们自身。把茶之意义、价值与主体自身相结合就是一种人生智慧，这种智慧排斥对外在事物的非理性的追求与崇拜，而与大自然紧密结合，在茶中体味自然、热爱自然、享受自然、融于自然。

生活的探索与沉淀，加之于文化意义与价值之形塑，让我们看到了这样的场景：我们以无比欣喜与愉悦的方式使茶融入我们的生活，成为我们生活的一部分。

触碰每一片茶叶，去品味不同的茶汤，去欣赏不同的茶色，然后不知不觉地触及其背后的故事和精神，这似乎是一种精神盛宴。老子所言之“道”是基于人的接地气之道，所以，他以“人法地”开端来构建他的道学“大厦”。茶，就是一种道的本体，是最接地气之道的根基。而以它的根基形成的生活方式和人文精神又是最重要的道德范畴，比如人之为雅、处事之和、德行之美，俯拾即是。茶水本为一体之二元，互不可缺少，而其内在精神之范畴也相通甚多。孔子曾对水之德给予子贡回应，以“德、义、道、勇、法、正、察、善、志”示“君子见大水必观焉”的原因。孔子曰：“夫水，大遍与诸生而无为也，似德。其流也埤下，裾拘必循其理，似义。其洸洸乎不淈尽，似道。若有决行之，其应佚若声响，其赴而仞之谷不惧，似勇。主量必平，似法。盈不求概，似正。淖约微达，似察。以出以入，以就鲜洁，似善化。其万折也必东，似志。是故君子见大水必观焉。”

与君子见大水而观之情形相似，见茶而赏焉亦是常态。唐代元稹在《茶》诗中以“慕诗客，爱僧家”之句道出了文人墨客、寺院僧侣与茶之间的密切关系。在中国茶文化史的长河中，许许多多大德君子都留下了他们的名字。苏轼以他的茶回文诗而为习茶之人津津乐道，又因他那“从来佳茗似佳人”之句而被视为对茶的形象描绘得最深刻最形象者。君子之爱茶绝非拘泥于茶之形、茶之味，更在于茶之德。此德实为大德，甚至可用老子“上德不德，是以有德”来形容之。虽然唐代刘贞亮已经十分深刻地概括了“茶十德”，但“散郁气、驱睡气、养生气、除病气、利礼仁、表敬意、尝滋味、养身体、可行道、可雅志”还无法真正涵盖茶之精神的全部。

茶之出现与它融于人类社会之中，似乎更具有让人着迷的中国哲学韵味。《易经》云：“仰则观象于天，俯则观法于地，观鸟兽之文与地之宜，近取诸身，远取诸物，于是始作八卦，以通神明之德，以类万物之情。”这些极具哲学智慧的思想即是在人与自然的相融中作为重要生命体验而形成的。无论远观之抑或深品之，茶给我们带来的似乎正是带有中国味道的哲学。

自然的造化与自我生命的实现，加之融入人类社会并成为精神的符号，茶构成了它的实体并印刻上了中华符号，走向人类共享的文明。

饮茶成为我而立之年的新开端，我以茶回应我孱弱而危机四伏的身体。明清之际思想家王夫之以“天下惟器”之论回应“器道之辩”，虽说其仍是朴素的唯物主义并体现出辩证法思想，但也为平常之人关于存在与生活体验的思考提供了有力之帮助。所谓器者，物质也，亦即物质世界，所以他说“盈天地之间皆器矣”①，失去作为茶的物质实体之器，则茶不成茶。无茶则无茶精神，或曰茶之道。“道者器之道，器者不可谓之道之器。”也就是说，器之为体，而道之为用，道器不离，“据器而道存，离器而道毁”。这种朴素唯物主义在社会进程中发挥的重要作用也是镌刻于历史之中的，谭嗣同据“道不离器”而获致“器既变，道安得独不变”的观点，为变法维新提供了重要的理论依据。

在几千年的文明长河中，作为器之茶的模样、工艺、口感已经有了很大变化，种类极为丰富，甚至转化为茶餐、茶

---

① 〔清〕王夫之：《周易外传》卷五，中华书局 1977 年版。

食等诸多新形态，但茶终是茶，这就是它自己。人们接近它，欣赏它，喜欢它，都源于它的本质。至于道，应是于器中去体验、去追寻的。茶之道是无限的海洋，亦如无垠的宇宙，它于追寻它的人的意义亦如此。除了亲友们给的精神力量，余下的满是它的样子和影子。

茶出于自然，却有属于人类社会的历史。它在书写着文化之道、生活之道，它的笔就是那一片最朴实的树叶。

第二章　沉迷的反思：如何选择

或许我们本是一个偶然的存在或在某个场合出现并努力接近它的一个过客。每个人，无论是普通的寻乐于日常生活中的还是拼搏努力于学术研究中的，都可能会沉迷于某一个人或某一件事或某一种过程，但或正因如此而无法看清其所沉迷的对象。

过客的过度沉迷是危险的，但同样是充满乐趣和未知的意义的。不管我们如何界定这种沉迷，如果我们能够极力尝试着去探索或看清我们的对象和我们自身，这一过程和其后果对防止我们迷失其中是有益的。

不能排除目的性地选择茶，而这一般包括我们个人的理性化的满足个体需求的目的、出于实践性需求与选择的目的以及知识获取、知识求索的目的。这种公认的分法首先使我们定位于我们与茶之间关系形成的初因。茶使我思考自己的人生选择、自己的处境以及对社会文化的好奇之心，无论这些与何种因素相叠加或交叉，它们都是极为重要的影响。如果这不能成为我选择它作为生活与研究重要议题的支撑，那亦是我生活与学术求索的航向或灯塔，至少在某个重要阶段它是成立的。这给了我一个实在的依仗，有了求索的动力，因此对路上的各种困难和阻碍都看得平淡，并走了过来。

关注实践性需求与选择是人的本质的要求，比如对优化管理的探索、对现实政策的执行、对自我事业发展的努力。无论是需求、改变或达到预设，这种实践实际上指向的是关注实现我们某种程序上预定的或向往之物。关注知识获取以及知识求索指向的是我们自身知识的责任与义务，去更透彻地理解事物，更有利于我们解释困惑、把握未来。探索和洞悉是我们求知的表征，同时也是过程。这两种目的是影响我选择茶并投身其中的重要动力，我也尝试把这些目标融于设计与行动中。当然，对它们进行适当区分是必要的，因为习茶的知识性目的让我变得丰富而有乐趣，也是一个富于创意的起点。对此，教学为我提供了一个充满意义的途径。在习茶与教学的过程中，与学生的习茶互动让我的实践充满着乐趣。所以，在教与学、问与答之间，我努力以有助于实现实践的方式来提出和追寻自己习茶的问题与领域，而不是将其隐藏于我的研究背后。在这样的过程中，我似乎更加倾向于和着迷于自身知识的责任与义务了。因此也似有一种无法停止的冲动与乐趣。

习茶需要知识。若从质性研究的角度看，那么知识至少可以提供一个广泛意义上的研究场域，比如去发现情境的影响与意义、去理解事件的表象与过程、去参悟行动者的选择与行动等诸多方面均在其巨大影响之内，其中的关系性与争斗性是习茶的重要组成元素。这种魅力奇幻的知识吸引让我沉浸其中，甚至不自觉地走向一片茶的“自我”。有时，我对此亦有警觉，虽然完全的投入并非错误或误导，但存在着失去发掘和审视新视角的危险。无论如何，这种感觉在引导着我去感受和理解那片真实的世界，而不拘泥于去体验和描述，亦不执着于真或假的判断。在对茶本质的“参与”中，我在慢慢关注着对它的理解和它产生的影响。或许这应归于我对社会科学中“解释性”的迷恋吧。

于我而言，聚焦于数量相对较少的茶事件或其事件情境，可以更好地保留和体现出其中独有的特征。这是我喜欢的一种方式，它不同于大量数据的分析和抽象进而形成一个结论，因为这种做法会忽视茶与社会两个范畴内的个体存在性与事件的独特情境性，这于我们习茶是有着相当大的风险的。如此，有意无意间我走近了茶的社会与西藏茶文化的空间之内。于我而言，这两个领域是独特的，并没有事先被人为确定明确的边界，所以是一个可以尽情挥洒热情的领域，而同时它们也给我提出了许多有意义而又富于乐趣的问题。从“扎根理论”的角度看，或许我无意中做了从茶的普通资料和西藏茶文化的历史、社会资料中进行抽象探索的工作。在反思中，亦发现了许多非我预期的现象及影响，研究过程中内含的开放性与灵活性呈现了丰富的维度。习茶中，新的质料会激发我的求索欲望进而去揭示关系并努力去理解和解释。在开放与灵活的氛围中，我放任自己大胆尝试，再不断修正自己的设计、问题和关注的视角，进而延伸至问题的可能方面。把关于质性的习茶去做广泛的比较或进行扩大并不足取，我亦不认为这样做是开放性、灵活性或大胆的表征。针对特定的主题去探索和尝试，是出于警觉和谨慎对其质性的信度和效度的遵循。

对过程关注的重要结果之一是以质性的方式习茶，或许这也赋予了我另一个习茶思路：从社会和历史相融合的视角。梅里安姆曾提出关于质性研究的学术旨趣问题，他说质性研究的学术旨趣指向的“是过程而非结果”[①]。当然这并非否定结果在现实世界和学术领域内的重要性，而是突出质性研究在研究者和特定研究案例中的优势，即它可以发现和集中于导致结果的过程问题，而这恰恰是实验、数据或模型等数理分析中容易忽视或很难深入发掘之处。无论是在茶的社会维度上还是在西藏茶文化的资料收集与编码分析中，我经常会反问自己：变量 x 是什么？变量 y 是什么？二者之间是什么关系？而其中最主要的是，形成 x 与 y 之间关系的过程是怎样的？过程性既是一种思路、方法，也是笔者深度享受习茶的

---

① S. Merriam. *Case Study Research in Education*：*A Qualitative Approach*. San Francisco：Jossey-Bass，1988：p. xii.

独特过程。无论是风雨、忙碌或者疾病、痛楚，让自己平静下来去实现这一过程，天天如此，月月如此，年年如此，足矣。

第三章　走向科学：质料分析

在日常生活中，总是有各种各样的便利和机会去习茶。但是如果我们在其中的关键选择上出现了问题或者偏差，那么习茶的结果可能也会出现偏差，甚至走向谬误。因此，应该高度重视在习茶背景中的关键因素，这与我们的研究选择和设定的概念框架有着密切的关系，比如形成的概念和假设，以及我们所怀有的期望和信念。这本身应该是一种思想的背景以及在这种背景下所可能产生的多种探索和尝试，它在过程中给我们的启示是不能忽视的，且有时发挥着至关重要的作用，比如说帮助我们评估我们先前所明确的某一习茶目标的合理性，提出的研究问题的适恰性，准备采用的研究方法的合理性及可行性，并在其中不断寻找、发现那些对我们研究过程和拟形成的结论具有潜在威胁的信度和效度问题，把它们摆出来放在我们的面前并加以解决。

习茶目标和研究问题经常缠绕到一起，而研究问题一般而言具有先导性和重要的启发意义，甚至开拓意义。我经常把发现的问题视作一个独立的要素，因为它本身就是我们生活世界中的组成部分并由它引出许多事件、催生许多行动。与茶相关之问题的发现和提出实际上针对的就是其本身令人困惑不解甚至引发质疑的方面或问题，明确的研究问题的提出本身就是准备去展示和运用我们的研究，并在此过程中证明其合理性以及重要性。任何习茶者都会有这样的一份初心。虽然我们提出问题并按此进行研究，但并非所有的问题都能够给出一个明确的回答。但于我而言，这也是一份有价值的过程，亦是令我欢心的结果。因为至少表明了我对这个问题还没有充分地理解或者还不知道如何去真正深入地正确处理，因此，还需要不断学习，去积累和探索更多的关于它的知识。这样的习茶让激励、希望与欢快并存。

习茶中在以往的文献中去搜索，并且把这一工作当成思想背景或者整体的框架，我认为这样做实际上是有很大风险的。应该说，越是精深的习茶越需要通过关注大量的文献来获取已有的研究现状。这应是一种规则要求，其合理性毋庸置疑，我在《茶叶传入西藏相关问题研究》一文中对茶叶传入西藏的多种观点的回顾就是通过对较多文献的分析来抓取关键问题的。[①] 但是我们应该警惕，在过度关注文献的同时就

---

① 参见赵国栋《茶叶传入西藏相关问题研究》，载《西藏研究》2017年第4期。

存在着忽视其他对我们的研究同样重要甚至更重要的概念资源的风险。洛克等人就明确而清晰地指出，任何活跃的研究领域的当前的知识不是在“图书馆里”（意指文献之中），而是存在于研究群体内的非正式的看不见的联想中。[①] 当然这种观点在科技快速发展，尤其是人工智能融入科学研究的大背景下显得过于草率，但仍然给当下的我们很多启示。若我们完全被当下的文献所局限，那么可能会导致对我们自身经验以及具有巨大潜力的想象力的忽视，也可能会淹没我们所预先提出的研究假设和探索性工作。这对那些有志于探索茶的交叉学科的研究者尤其存在着产生负面影响的可能。

若把习茶框架的形成与文献的回顾等同起来，那么就存在着把寻找需要的相关文献的检索活动沦为文献的杂烩的可能，湮灭掉明晰的目的性和可能的线索。实际上，我们的选择都是有针对性的，也就是跟随着我们认定的有价值的研究问题而进行的习茶活动。虽然有可能会跨越不同的学科，会使用不同的方法，但不可能囊括整个茶学和茶文化领域，也不可能与先前所发生的一切有价值的文献进行对话。哪怕是一本覆盖面很广的习茶工具书，它也只是在罗列、梳理和展示观点。一种理性和有效的取向是：对习茶最有利的研究突破点应该是借助围绕我们主题的前人已有的有价值的研究方法和结论，而借助的方法就是整合、拓展和创新那些已经存

---

① 参见 L. Locke，W. W. Spirduso，S. J. Silverman. *Proposals That Work*（3rd ed.）. Newbury Park，CA：Sage，2007：p48.

在但是还没有人把它们联系到一起的方法、线索或者理论，并进行新情境下的运用。

科学史家托马斯·库恩（Thomas Kuhn）提出了科学阶段二分法的概念，从而界定了科学革命和常规科学。茶叶科学的存在是毋庸置疑的，而且对它的研究在全世界取得了举世公认的成就。作为非酒精饮料的茶能够风靡全世界，并被不断深化和拓展对人类生命的意义，其根本支撑之一也在于茶叶科学的不断进取。关注习茶的质性内容，关注范式的存在与意义，并且对其有清晰的定位，这样做的价值性应更大。习茶时，我更愿意把范式当作对研究的一种有意义的对话和启示，而不是某一模式或固定套路。无论实证范式还是解释范式，其对习茶研究均是有意义的，但是完全被已有的范式所束缚也存在着较大的风险。

若习茶时完全执着于模式，那么就会大大损害创造性取向，即过多受限于库恩所说的常规科学模式从而阻碍习茶革命的出现。如果认可范式中具备的固定模式并愿意按其进行研究，那么实际上就接受了它对我们的强力的约束甚至形成教条，这种约束或教条至少包括思考取向与方法，如此之习茶后果可以想象。在现代科学之前，比如原始宗教时代或巫术时代中是否存在我们所能认可的学术共同体和他们所愿意遵循的共同范式呢？显然，科学实践之初依据的是劳动带来的对自然现象的能动性的回应，在长期的回应中通过能动性不断沿袭、积累和加工才慢慢出现了一些逐渐被公认的非正式制度或者规则。因此，我们更应该把库恩所说之范式与人类发展历史相联系，其解释力在现代人类社会的科学活动中更为恰适。在茶文化研究和习茶实践中，一般而言，无论何种流派或何种研究取向并不会打击或否定其他研究，我所尝试的西藏茶文化的社会学解读也受益于此。据此可以把习茶看作一种开放的范式，它更应该是围绕习茶而开展的多维度、多路径、多方式的开放空间，在提供平台和启示的同时也为研究者提供了诸多可能。

当然，习茶者也完全可以根据自己的实际情况选择恰适的范式以规范和推进自己的研究，这样既可以少走弯路，也可以在冒最小风险的同时实现研究目标。此时，选择何种范式以及如何选择就显得格外重要。若研究问题主要归属历史学范畴，则应倾向于历史研究范式；同样，若主题属于经济学范畴，则应倾向于经济学研究范式。从中选择一个已经确立的范式可以帮助研究者规范和便捷地建立起一个完善的研究框架和恰适的研究方法，而不必完全由自己进行创建。如果关注的是一个学科交叉性很强的问题——比如尝试从社会学、民族学和历史学交叉维度开展西藏茶文化探索——此时，就要小心权衡选择的不同范式组成之间的兼容性，也就是不同领域的主要研究传统在我们研究中可能结合的程度。在此过程中，我们其实并非可以完全自由地选择我们认可的范式，原因在于我们先期对研究问题和理解的诸多因素有了一定的权衡，而这种权衡有时与最适合我们研究的范式之间可能存在着错位，有一种可能是我们在考量了多种可能之后做出了选择，而所选择的范式随着研究工作的进展愈发表现出对研究问题和研究目标的不适应。就如同穿鞋子一样，一开始能穿进去，但走路多了，才发现并不适合。

理论可以作为范式的一个重要组成部分，更是习茶不应缺少的部分。理论本身是在社会实践基础上产生并经过检验和证明的，是对客观事物的本质和规律性的正确反映，任何凡可称作习茶理论的均有其理论价值和实践价值。作为一种简化的表达形式，理论在本质上促使我们看清世界及其运行的内在规律，茶贸易学理论、茶经济学理论、茶传播学理论、茶社会学理论都是如此，它们实际上都是在为我们所要理解的习茶维度提供可能的解释。以此而言，习茶理论中存在着多种可能，它本身既是一种习茶的架构或框架，也是一个关于茶的生动的故事，关键是我们对习茶而非仅仅局限于茶叶实体有深刻的感情或感悟。

感情和感悟可以帮助激发我们的联想能力，比如在习茶中一些琐碎的现象或事件可以在联想中取得联系。我们可以把理论想象成一个茶叶的筛选机，所有的茶叶都可以进入，但会通过筛选把型号、规格相似的茶叶选出来，并进行整体的分类，这样就看清了个体与整体之间的关系和可能发生的联系，一个典型的例子是茶叶进入销售市场前的拼配。有学者提出，理论就像一个衣柜，柜子里可以挂任何东西，给我们理论支持的具体理论概念就是衣柜里的衣钩或者衣架，为我们的特定资料提供相应“挂”的空间和可能，从而让我们更清晰地发现这些资料之间的关系，提升利用率和效果。同时，在习茶之初和整个过程中，理论的灯塔作用也不能忽视，一个适用而实用的理论可以照亮我们所看到的习茶范畴并且给予我们方向上的指引。

任何理论在照亮一片区域的同时，也会有自身的盲区，在习茶过程中我们不可能把某种理论运用到所有的领域。贝克[①]提出，已有文献及其形成的理论具有意识形态霸权的特征，当研究者深入其中时，就可能被引入歧途从而忽视特定情境下的某些重要特征或信息。也就是当把我们的习茶思想塞进一个已经确立的框架之中，那么这种做法自然会损害我们可能产生的论证，并且会削弱其中可能产生的更为有利的逻辑，这样我们就很难看清那些另外的可能理论和理解现象的其他可能方式。

面对研究问题、研究目标与现有的理论发生纠缠甚至碰撞的时候，在研究的前期阶段，我们很难准确判断该理论是正确的还是产生了误导。在这样的过程中，即使我们保持足够的警惕也无法准确评估我们的选择的最优化程度，直到随着我们的研究进展至足够深入的程度并使各种潜在的问题得到充分暴露时，我们的辨别才会具有明确性和说服力。对此，我们可以做的是尽可能保持警醒和反思。一种有益的途径是，

---

① H. S. Becker. *Writing for Social Scientists*: *How to Start and Finish Your Thesis*, *Book*, *or Article*. Chicago: University of Chicago Press, 1986.

从我们探索问题并与相关理论发生关联时就开始不断地反问自己：当我们抛开这个理论去做会产生怎样的结果，并尽量开展有效的“思想试验”。这样做的后果必然对我们运用更为恰适的理论有帮助。在对西藏茶文化的研究中，经过多次探索后才确定了将社会学、文化学、民族学和历史学的相关范畴作为局部研究的框架，它们为研究的开展发挥了良好的规范和指引作用，比如社会学的阶级和群体理论运用于民主改革前西藏社会通过茶叶发生的残酷剥削。①

若对理论的运用做一个总结，问题可能主要来自两个方面：一是如前面所提的过于依赖和信任选择的理论；二是对有用之理论选择不当或者利用不足。二者都表现出研究者在习茶研究中对理论的不恰适的定位以及由定位产生的不适宜的运用。从研究者能动性的发挥和可能的产出而言，第一种应该说比第二种更为不利，存在着使研究者丧失可能取得更大进展或突破的风险。甚至有学者指出，主导理论的强行使用是一个严肃的学术伦理问题，而非简单的科学或实践问题。原因就在于这种强力的影响或介入会使研究者的个人思维模式受到局限，使他们潜在的理论被挤到边缘之地，从而产生学术上的压迫或歧视。尝试在二者之中寻求一个点，平衡信任运用与突破框架局限之间的关系，这是一个关键问题。我的做法是先做足理论功课，通过理论的框架、内容及导向等

---

① 参见赵国栋《茶叶与西藏：文化、历史与社会》（西藏人民出版社 2015 年版）第十一、第十二章的内容。

基本要素寻找可以尝试运用的理论，按照这些理论的框架和掌握资料的可使用性进行初步的探索和“思想试验”，在不断检验中寻求理论与资料的优化组合以及可能的拓展方向和空间。当然，取舍并不是准确无误的，这就需要静下来面对已经做出的选择再次审问自己：为何要这样做？真的需要这样做吗？直到让自己无话可说时，才继续往前。《西藏察隅边境地区族群文化地理研究——破解“倮茶迷雾”》一文对此进行了有益的尝试。①

除了理论之外，习茶时还应关注那些已经存在的研究和成果，这既是对前辈的敬重，也是对习茶之学术的基本规范要求，任何忽视前人工作的做法都是不可取的，也是靠不住的。随着茶学科建设和人才培养的不断向好，茶学研究者的数量呈现快速增加的趋势，研究成果和相关文献也加速产出，不断丰富。对习茶者而言这是一个积极的信号，它从理论和文献维度为研究者及学习者提供了更为有利的平台。我们一般可以从文献中发现积极的信息和有益的启发，这是巨大的财富，比如茶化学的新发现、古典文献中新的知识点的发现、对传统认识的反思、新的考证发现等都不能忽视。近来一些茶文化学者对传统茶文化诸多知识的反思与考证是茶学界和

---

① 参见赵国栋《西藏察隅边境地区族群文化地理研究——破解“倮茶迷雾”》，载《西藏民族学院学报（哲学社会科学版）》2014 年第 4 期。

习茶者所不能忽视的。①

对初入茶学领域的习茶者而言，已有的成果和文献对他的引领和启发是显著的，所以，此时接触、学习和适当运用这些研究文献格外重要，倘若接触和学习了一些偏激甚至错讹的文献，习茶者就有可能被引向错误的方向，或者以有问题的知识作为支撑去开展研究，存在着很大的风险性，于习茶的自我实现或学术目标，抑或理论追求都是极度有害的。那些有益的研究或文献可以对我们的习茶产生多方面之影响。其一，可以帮助验证或者修正我们的预理论（一般为质性化研究中的理论假设，后文对此会有涉及），如果我们从开始阶段就接触到有益的和对我们的研究问题非常重要的文献，那么对我们研究的帮助是毋庸置疑的，比如把我们的资料和方法以恰当的方式用该理论进行验证，并以这种验证结果去不断修正我们前进的方向和进行的方式，最终把我们的预理论转化为现实并使其具有强大的生命力。其二，可以为我们提出新的理论提供帮助，这是建立在第一点的基础上并且也是顺理成章的，当然这必须以我们不断求索、永不放弃为前提。其三，可以启发我们对方法进行选择和优化。前人的成果或

---

① 参见竺济法《再论茶祖吴理真之真假》，载《农业考古》2018 年第 2 期；《原始采集经济时代需要人工种茶吗？——三论田螺山人工栽培茶树根不可信》，载《农业考古》2017 年第 5 期；《葛玄植茶事 文献可采信——当代各地宣传的六位汉晋真假茶祖、茶神考辨》，载《农业考古》2017 年第 2 期；《六千年茶树根是自然野生还是人工栽培的？——仅凭所谓的“熟土”确认为人工栽培无异于臆断》，载《中国茶叶》2015 年第 10 期。

者文献都有他们独特的研究途径或者解决问题的方法，在习茶中我们不但不能忽视文献中的方法，而且还要顺着这一方法去不断追问。其四，用前人的研究来为自己的研究提供支撑，或者展示我们所提出的研究问题的重要性。这一点应该是进行必要的文献研究的基本目的之一。

第四章　执着与资本：经验主观极

从心底执着于某项顺应人类历史发展大潮的需要耗费大量精力和体力的领域或职业，是对人的个体价值的最大褒奖。我秉承这样的信念。但是作为个体的人，缘何可以执着于此？是什么给我们确立了这样的角色，又是什么使我们与茶紧密联系到了一起？我们真的有执着于此的资本和可能吗？

以我个人而言，与茶相识并走上习茶之路与我之所以为我相关。我的经验与思想的结合是其前提和动力。人的社会生活过程与追求和奋斗是我们日常经验和研究发端的重要支撑。求学的经历以及毕业后尝试几份工作后，我逐渐反思并不断选择自己的追求，而后由一个看似偶然的机会进一步了解了一些茶的知识，开启了我的新历程。当尝试着不断深入了解茶和茶文化后，我更加注重资料文献给我的启示。所以，回想和总结这段经历，除了努力学习和探索已有的材料文献外，最重要的应该同我的经历和体验有关了。与茶相关的经历、对茶文化现象的亲身体验以及对相关社会现象的感知给了我精神上的支撑、启示和灵感，由此我获得了对相应的社会事实的理解和不断习茶的内在动力。

在我的案例中，经验是直接获取专业知识的基础和了解事实的途径及方式，经验和获得经验的方法具有重要的实际价值。可以发现，如果我们具备了良好的习茶经验和相关经历，则对我们进一步习茶具有非常好的帮助。经验的作用在于它可以为我们创造一种基于自身能动性的认知图式，比如当我们看到茶叶加工和泡茶的过程，就会在头脑中形成关于茶叶采摘、茶叶种类、茶叶泡法、茶汤颜色等相关方面的认知图式，这种图式主要集中于过程性和特征性，能够反映或构建出事件的主要方面。另外，经验还可以让我们形成时间上的感知顺序，当我们看到两款茶叶的叶底形态时，就可以自然判断出茶叶采摘的时间先后。经验还可以为我们提供一种直觉预测，也就是说通过我们已有的经验把现象中的诸多要素联系起来，可以形成直觉的预测，比如当我们认真看过茶叶的采摘、生产和冲泡过程以及冲泡后茶汤的对比后，就会对茶叶品质形成基本的判断，这种判断甚至可以让我们预测这样的不同种茶叶在市场上价格的高低和主要消费群体情况。

在习茶中收集信息、形成思路的另一个重要渠道是资料文献，前文已经谈了一些相关内容。当我们研读和分析各类与茶相关的资料时，必须时刻把握一个原则，即资料本身的客观性和资料中所述事件或现象的客观性。二者既有区别也有联系，整体上二者应是趋于一致的，即客观性的资料反映的事件也是客观发生的；但二者也可能存在不一致的情况，这就需要在使用时格外谨慎。以前的许多资料文献主张文成公主把茶叶带入西藏，并创制了酥油茶，实际上这就出现了资料的客观性与其记述的内容的客观性之间的问题。到目前为止，文成公主带茶叶入藏和创制酥油茶事件的客观性还没有权威的史料或证据加以证明。若以这些资料为依据，并把其中记述的现象当作事实，那么从中引发的我们的总结、发现就会偏离客观事实甚至形成谬误。避免资料中的非客观内容被我们在习茶过程中接受为客观事实的办法主要在于研究者的时刻自省，任何没有被学界广泛认可或没有被完全确证的资料内容都应引起我们的警觉，并需要我们积极主动地采取相应的策略，以实现从不同的资料来源、不同的事实来源中客观正确地判断和选择。

当真正投入习茶过程之中时，我们需要把语言和思想更有效地结合起来。语言是把我们个体经验以及所掌握的资料文献与我们的研究问题阐述、研究的设计论证紧密结合并实现操作性转换的基本要素。成功的语言运用是成功的研究的基础。所谓成功的语言，也就是我们在进行茶学研究时能够有效地把需要转换的事实和所感知、学习的事实形成统一的语言，也包括受众能够通过语言转化实现一致的理解。实际上，在将知觉的表象转化为语言的过程中，语言作为复杂的符号系统是受到各种因素影响的，其中互动关系、语境特征、文化背景、社会环境等不可忽视，所以，在研究过程中，语言的语义和它要传达的事实之间可能存在巨大的差异，这主要在于多种因素下理解者的取向。在西方的现象学研究传统中，加芬克尔（H. Garfinkel）强调对已有的规则加以索引、扩展、类推，从而适应新的社会情境并对新的事物进行描述。这实际上针对的是个体的语言和意识是怎样在社会构建和存续中加以运用的，提出了个体语言及意识困境是如何在社会中得以解决的。

由此可见，对任何一个真正的习茶者而言，良好的语言能力以及对语言的不断锤炼是一项基本要求。或者说，有效、规范、成功而优雅的语言转化是一名真正习茶者的重要标志。语言学的发展为我们在习茶中如何成功运用语言这一问题提供了理论支撑和方向、方法的指导。索绪尔认为言语活动本身是异质的，这种异质性使我们难以找到其中普遍的规律性，但语言应关注其同质的方面，正是这一方面使语言学具备了科学的性质。然而，我们应该警觉这种倾向会导致不加选择的排斥现象，即对哲学与人文社会科学等研究方法的简单否定。语言作为人类的理性与灵性相结合的产物，是它区别于纯科学之处。所以，把语言运用于我们习茶之中时，我们既要关注语言的形式，确保其规范有效，也要关注其功能，不能抛开习茶中语言的使用者、语境、心理以及各类文化元素，通过功能，既要实现对语言的解释，也要实现对表达对象的理解和解释。当然，此时我们也不能忽视语言与文字之间的差别。忽视二者之间的差别的做法是从框架和操作上把语言等同于文字。实际上，二者虽然存在着较为普遍的相同、相似和相通之处，但差别也是明显的。文字反映的只是语言（语音或语义）的一部分或某个特定历史阶段的面貌，且文字是语言出现之后的一个人为创制的“产品”。整体而言，当我们运用语言于现实研究之中时，语言对文字的影响是绝对的，而文字对语言的影响则是微弱的。[①] 把握了这一点，我们在习茶研究中应保持适当的警醒，在遭遇二者偏差时应坚持多维度的尝试和探索，尽量弥合二者之间的偏差，以实现形式上和功能上二者的有效有机结合，提升我们习茶研究产出的质量。

真正的习茶离不开习茶者的思想，经验、资料、语言、文字都需要思想进行整合、运用，也就是我们对茶的学习和研究的所有质料只有进入我们独特的思想才能发挥其真正的作用。从过程性而言，思想的过程也就是进行分析、产生解释、生成理论的过程，就是我们运用主观能动性把所能使用的关于茶的质料进行概括总结和分析，进而提供对现象的解释，揭示事实之间的相互关系，或者实现对因果关系的解释。以此而言，我们的思想能力，也就是在茶的学术研究中形成概念并进行相关归纳、推演的能力，直接关系着我们习茶之

① 参见王铭玉、于鑫《索绪尔语言学理论的继承与批判》，载《外语教学与研究》2013 年第 3 期。

可能以及这种可能可以达到的程度。

至此可以发现，我们从事茶学研究，并非一个偶然事件，亦非任由我们的意志决定的事件，而是由我们自身的能力和外部因素两大方面共同决定的事件。具体而言，包括我们自身习茶时所有的经验、我们所掌握和所能掌握的资料、我们的语言和文字能力以及我们的思想能力等四大方面。这四大方面的最优化组合就是我们的“经验主观极”，也就是于我们最为有利的习茶的“坐标”，该坐标标示的是最有利于我们的经验供给、感知、测量、语言和文字表达以及思考加工的综合位置。所以，如果我们选择了茶，那么存在着一种非常大的可能，即茶和茶文化占据了我们经验主观极的位置，而这对我们深入习茶恰恰是最为有利的（见图4－1）。

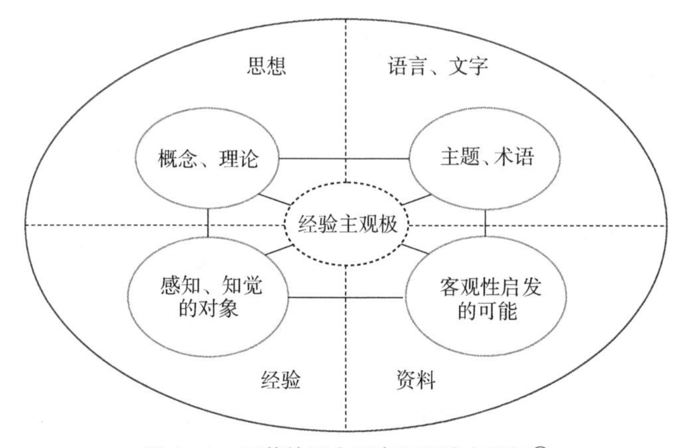

图4－1　习茶的四大因素和经验主观极①

① 参见陆益龙《定性社会研究方法》，商务印书馆2011年版，第14页。

第五章　方法之辩：突出质性研究

习茶者似乎应该时常反问自己，我们学习茶，研究茶，探索茶在现代社会中的规律，以何种方式更为恰当？通常所说的定量研究和定性研究在习茶领域的适用性如何？习茶中研究方法应如何优化运用？

在习茶的庞大领域中，茶的生物化学研究应归属自然科学研究领域，以实验、数据为研究依托。期刊《茶叶科学》以发表此类学术文章为主。茶经济学和茶贸易学在茶学研究中受重视程度在不断提升，二者整体归属经济学范畴，研究中以数理统计和模型分析为主，具有典型的定量研究特征。茶文化学、茶美学、茶艺学、茶社学等主要集中于人文社会科学研究领域，研究中以定性研究为主。但在习茶实践中，定量研究和定性研究是不应完全切割的，通常有效的做法是以某项研究方法为主，结合另外的方法，以努力实现研究效果的最优化。比如在研究茶叶与西藏的关系中，整体以定性研究为主，在对西藏民主改革前不同群体的茶叶消费数量和特征等相关部分的研究中，通过统计分析、模型分析展现茶叶与西藏的密切关系和茶对人们日常生活的支撑作用。无论习茶领域归属于什么，无论所做的研究工作主要集中于哪些方面，我认为一个好的习茶研究者必须学好质性研究方法，掌握其运用的一些主要情境和特征技巧，这样就可以更好地促进习茶的效果。

茶文化学习和研究并非是随意的和在空间、时间上无限的，恰恰相反，真正把一项茶文化研究做得深入、做得透彻正是在一定的时空范围之内的。这种范围的界定和运用对我们研究茶文化具有特殊的意义，它可以突出我们所选择的研究对象的特殊性和价值性，这是质性研究的特殊要点之一。在社会科学研究中，以质性研究为主的理论取向会采取一个基本的假设，即我们所处的社会、所经历的历史以及人类的行为都是具有特殊性的，是在特定的过程中完成的特定情境下的人类的社会活动。我们研究茶文化同样面对的是这样的特定的人类社会及其活动，普遍主义的描述和解释模式无法真正在我们习茶的领域内发挥作用，或者是其运用会带来不良反应。因为茶文化的意义与解释只能根植于特定群体的特定活动之中，也只能结合特定的情境和行动去归纳和理解，若搬来一个所谓“普世理论”，那么就无法真正解读文化与情境背后的密码。中华茶文化从中国出发遍及世界，影响着世界文化和生活模式，但若只以中国茶文化的内容去解读当下之美国茶文化或英国茶文化，那自然是行不通的，也是无法实现真正深入解读的；然而，或许恰恰如此多元才能体现出中华茶文化的特有魅力。

关注并联系社会文化、相关事件或行为产生的历史和社会背景，这是习茶的另一个不能忽视的方法、原则。茶叶之所以成为茶叶，除了其自然属性之外，还必然是人类社会之中的茶叶，即也具有社会属性。在社会中且只有在社会中，人的自然属性的存在才成为人的存在；茶亦如此，只有在社会中，茶的自然属性的存在才成为茶的存在。如果只限于用茶的自然属性去解释茶文化，那么其解释力是非常微弱的甚至是无效的。比如我们若分析唐朝茶业的发展特征，就应考虑当时重要的社会事件、政治事件、经济事件和文化事件及其产生的影响，并从这一大背景下去探索特征，而这种特征必须与已存在的特征进行区分，或者是以前没有而新出现的特征。

文化、社会中的实践性以及这种实践性被赋予的意义是我们提出习茶研究的问题和进行相关研究应给予高度重视的方面。广义上而言，中华茶文化从产生、传播到对世界产生重要影响都是一种伟大的文明实践，富于重大的意义，是人类文明的重要构成部分。从某一个具体的研究问题出发，我们通常会关注与茶相关的行动或者某个事件与文化所产出或带来的意义，也就是说我们习茶过程中应该重视行动和意义。

比如对与茶相关的行动的研究，我们应该主要关注行动的动机与行动的意义，并通过对实践行动的动机、意图以及影响的研究进一步探索其规律性和进行合理预测，甚至据此来类比和理解与之相似的社会（文化）行动和现象。当然，我们在习茶的研究中更应该强调对与茶相关的社会、历史、文化现象的特定意义的理解和解释，并由此解释人们是如何通过形成与茶相关的特定的行为构建和维持他们自身的生活世界的。这种对于解释的重视并不意味着或等同于对客观事物内在规律的全力追求，甚至有时我们并不以追求发现其内在的客观规律为主要目标，因为这一做法受限于多种因素。所以，研究中任何强迫性的追求规律和理论的做法都是不可取的，而在实际操作中，追求规律和形成理论于个体化的研究是有巨大难度的，甚至是无法实现的；同时，我们也不应在条件成熟和可能的情况下放弃追求规律和理论。这种辩证关系应该引起我们足够的重视和警醒。

在习茶过程中，我们经常会遇到可信性和有效性两大问题，这也就是我们经常所说的信度和效度。在定量研究和定性研究中，信度和效度问题应该区别对待。总体而言，在茶文化研究中，尤其要注重定性研究范畴内的信度和效度问题。所谓信度，指的是在相关条件不变的情况下，运用同一项测量技术或工具测量同一对象，能重复产生相同结果的程度，即所测结果的一致性程度。一致性程度越高，信度就越高；反之，则信度就越低。所谓效度，一般也称为“测验的有效性”，指测量工具能够测出被测对象真实值的程度。心理计量学中曾有许多表示效度的方法。美国心理学会在《心理测验和诊断技术介绍》（1954）及《教育和心理测验的标准与手册》（1966）中将效度分为三类，即校标（criterion）效度、内容（content）效度和结构（construct）效度，以后广泛沿用。在定量研究中，信度和效度通过对概念进行操作化或者量化进行测量，但在定性研究中却很难这样操作。

多次重复之后结果的一致性程度是衡量信度高低的主要依据，但如果我们针对的是一项史料记载中的茶文化问题，我们如何重复从而去检验我们结论的可信程度呢？显然这一思路的可操作性不大。当我们获得了更为权威的多项支撑资料或者有很多研究者在相关方面经过研究得出了相同的结论，那么我们的研究就取得了较高的信度。但是不是这样我们的结论就是确凿的和完全可信的呢？我想，显然还不能给出这样的结论。就如同波普尔提出来的“科学研究的证伪”一样，我们无法用罗列证据的方式来证明某个真理，而只能从事实和材料中发现和验证某种理论假设是错误的。因此，提出习茶研究的相关问题的根本目的并不是要证明什么是完全正确的，而是在一个充满着争论的空间中不断地探索和推进我们的研究，关于茶文化研究信度的问题是研究自身的延续，体现了不同研究之间的联系和区别。当然，若从研究者的主观意图而言，研究信度问题也涉及研究者的学术素养和职业道德。

研究的价值选择是习茶过程中不可回避的问题，而它恰恰与研究者的学术素养和职业道德直接相关，所以研究的价值选择也影响研究信度。对社会科学研究中“价值中立”原则的关注度由于德国社会学家马克斯·韦伯（Max Weber）的强调和运用而大幅度提升，他强调研究过程中要遵循研究的客观性，避免价值倾向的介入。但实践中我们在选择问题和产生结论的时候是无法避免价值倾向的存在的。韦伯也认识到了这一问题，所以他既把“价值中立”作为社会科学的规范性原则，又把“价值关联”作为社会科学的构成性原则。这样，我们理解“价值中立”原则时不能单方面地强调中立性，还要看到其适用范畴。在我们研究茶的过程中，选择研究问题、进行资料筛选以及形成结论的环节都需要有明确的价值导向，运用价值关联性，实现我们习茶的价值追求：无论是个体性的、知识性的还是实践性的。如果一个习茶者为了不纯的价值诉求而选择“问题”、开展“研究”或形成结论，那么他所开展的研究就不具备可信性，信度自然很低。实际上，利益元素大量进入习茶研究领域也是一个不争的事实，习茶者在其中做出的自己的价值选择直接关系着他开展的研究的信度。

在定性研究当中，通常以表面效度（face validity）来理解研究的整体效度，而无法如定量研究那样进行量化。表面效度指的是测量内容或测量指标与测量目标之间的适合性和逻辑相符性。与内容效度、建构效度以及标准关联效度相比，表面效度是最浅层次上的效度，是从表面上看起来的有效性问题。因此，我们在习茶过程中判断研究的有效性，即对真实情况反应的程度，要注重根据常识、逻辑及存在的理论来判断表面效度；在此基础上，采取多种措施来进一步验证使用材料和得出结论的有效性。

研究过程中存在的效度威胁应该引起我们的警惕。一般而言，我们在选择茶文化研究问题时，特定的价值和期待对我们实施的过程和结果存在着影响，并因此对研究的有效性带来威胁。一般地，我们在研究之初和研究过程中必须对此保持警醒，经常通过多种方式反问自己，并坦诚如何处理这些偏见。如果我们在研究中使用了访谈方法，比如研究某一群体对茶艺的理解，那么还应该注意作为研究者的我们对现场或者被访问者带来的影响。研究者的在场实际上对研究的效度也会带来影响，而想要完全消除研究者的这种影响是不太可能的，所以，此时我们应该尽量理解并在研究中利用它增进研究效度，其中最重要的环节是理解我们是如何并在何种程度上影响受访者所说的话，这些影响又是如何影响我们从访谈之中得到的效度的推断的。

从事习茶研究，以下方面对开展效度检验并提升我们研究的效度具有重要意义，而且具有良好的可操作性。

长期专注地从事习茶研究和在茶领域里开展实践活动是我们进一步深入开展茶学研究的重要资本。它比任何方法都更加有效地让我们保持一种自信，也就是长期专注地工作可以为我们选择的事件和特定的研究提供一个较为深入和完整的资料体系及思想体系支撑，比如我对西藏茶文化的长期关注为我研究文成公主与茶叶的关系提供了有效的支持，为我的思路和研究提供了更多的不同来源的资料，而且这些资料是直接的而不是依赖简单的推断或判断的。

增加资料的丰富性可以让我们的思路更为开阔，并且在研究中可以对研究对象开展更为充分的描述和分析，同时，资料的丰富性来源于我们在该领域长期专注的积累，二者具有统一性。无论这些资料来源如何以及它们发生作用、产生影响的维度如何，都可以为我们开阔思路和丰富研究提供启示。当然，我们还可以进行细分，比如关注资料来源的不同维度以及资料性质的差异。

运用不同方法，从不同领域或者维度获得的资料相比于单一来源、单一方法获得的资料更具有说服力。一般来说，如果资料的来源能够构成一个相互支撑的三角，那么我们通常会更加信任这种资料组合支撑的结论；但是并不是说这种“三角检验”是自动增加效度的，因为“三角检验”中同样存在着信息资料来源无效的问题，比如在问卷调查、访谈和文献中都存在着特定情境下的偏见。

在茶文化研究当中，寻找并分析那些不一致的资料和信息以及反面的案例也具有积极的意义，它是效度检验逻辑的一个重要组成部分。这些案例资料不应该被我们简单地排除，相反，应该被我们赋予更重要的审视的意义。研究者应该审视不一致的地方在哪里，为什么会产生不一致，从而进一步思考研究和结论是应该修改还是保留，如果完全忽视那些不符合我们结论的资料，那么就为其后果埋下了风险的种子。

检验研究的效度还应该关注第三者的眼光，尤其是当我们的研究中包含着受访者的内容，此时就应该设计系统的受访者检验步骤以检测和提升效度，其中一项不可缺少的内容是请求我们的受访对象对我们的资料以及形成的结论给出反馈，这样做的一个重要好处就是可以发现被我们误解的受访者的言行意义以及他们自己对事件所持的观点，同时我们也能从他们提出的想法、异议当中发现新的启示从而不断修正我们的结论。

第六章　研究问题：选择与设计

研究问题的选择为我们提供了诸多可能。习茶领域广泛而雅俗共赏，但是我们在研究中应该注重一个关键问题：我们选择的研究目标和选择的研究问题之间的区别。我们不能把二者混为一谈，因为实际上它们是有巨大差别的。一般可以这样理解，我们进行茶文化研究的目标既包含理论的也包含实践的，而最终更应该指向实践方面。研究目标一般由多个研究目的共同实现，这些目的既可以是分层的，也可以是组合的、多维的，或者是分阶段的。研究目的是研究目标的具体化。在定性研究的逻辑框架设计中，研究目标处于最高层，并通过研究目的、预期成果和活动内容，包括各项监测指标得以实现（见图6－1）。

具有实践目标和实践意义的研究目标多是通过综合的整体性研究一步步得出的，而非直接通过问题或理论研究产生的。一般而言，我们提出的研究问题并不能或无法直接指向实践，而是通过指向知识和理解再逐步融入实践，从而最终实现研究问题和实践的统一。实际上，在我们研究之初提出可行的研究问题之时就应该区分研究目标和研究问题。[①] 这种区分可以给我们带来一种基本的研究理念和思路，也就是实践问题不应该也不能直接由研究问题来实现，而应该把它作为我们研究目标的一部分。

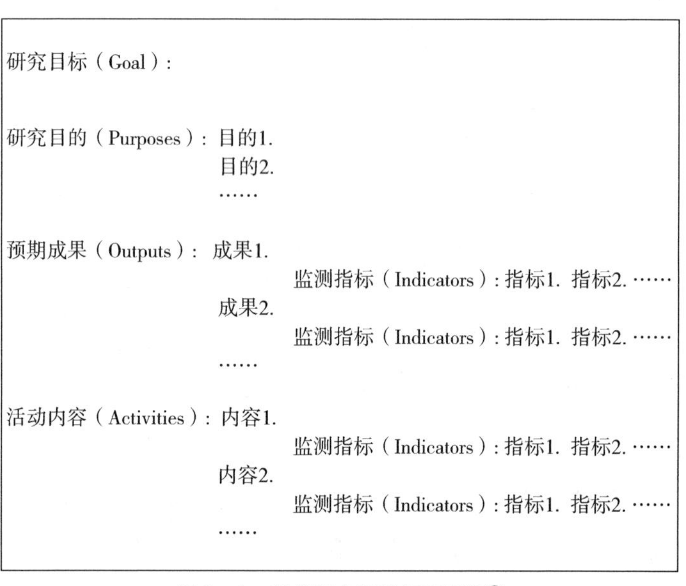

图 6－1 定性研究逻辑框架设计②

① 参见 M. D. LeCompte，J. Preissle. *Ethnography and Qualitative Design in Educational Research* (2nd ed.). San Diego: Academic Press，1993: p37.

② 参见陆益龙《定性社会研究方法》，商务印书馆 2011 年版，第 105 页。

习茶研究问题的设定存在着一定的方法和技巧，或者说有些方面应该引起我们的注意，这对我们一项习茶研究的成功具有积极的意义。我们应首先关注研究问题的“度”的问题，也就是发散性和聚敛性问题。过度发散的研究问题会给我们的研究增加难度，比如研究中国茶文化外在形态比研究湖南茶文化或者陕西茶文化的外在形态更具挑战性，表现在研究的逻辑框架的设计、资料的收集和获取、调查访谈的实现等方面。如果研究问题的发散性超过了一定的限度，那么它就失去一项有价值的研究的基本要素，比如如果把研究问题设定成“唐朝时陆羽写成了《茶经》”，那么我们就很难确定明确的研究方向，也不知道该收集什么样的资料，为研究选择和提供何种理论支持。相反，如果我们提出的研究问题过分聚敛（聚焦），那么也会带来一定的负面影响，比如过窄的研究视野会局限我们的思路和运用资料的可能，从而使一些对研究非常重要的因素和事件被遗漏。在实际确定研究问题之时，很可能发生这样的情况：我们从一开始就很自信且精确地确定了研究问题，然后按照这一问题去展开研究，但这一过程会形成一种视野的隧道性（tunnel vision，或称“隧道视野”），使我们忽视一些对我们的研究极为有用的先前的经验或者理论，阻塞了研究开始时和进行过程中与相关的文献资料和理论进行充分“对话”的渠道，往往失去了可以给我们一些新的重要的启示的机会。

作为一名研究者，理想的状态是把要研究的问题与我们真正感兴趣、有信念、想去做的事情结合起来，而不能把提出一个研究问题看作它本身就应该是这样的或者我们另有其他目的去这样做。在设定研究问题的时候，至少我们要考虑为什么开展这一研究，为什么要选择这个问题，它可能与哪几个理论或研究范式相关，我们已经准备好了什么，还有什么需要进一步准备，等等。这样做至少可以警醒我们要把研究问题和研究中其他的重要元素有机结合，而不是分离。因为研究问题是通过我们对研究过程以及对其中所有要素的应用才能得到解答的，如果研究问题无法获得有效的回答，或者我们无法获得有效的支撑资料或开展相关研究过程，那么我们的研究也就失去了价值。

第七章　规范性与灵活性：互动研究模式

选择研究问题的原始动力以及当时所具备的相关经验和所有的文献资料支撑能够为我们开展这一研究提供一个基本的可能的方向指引，但这些并不够，或者说这些只是我们工作的最重要的基础部分，接下来我们还要去不断探索和分析该如何把我们选择的研究问题做得近乎完美。

在定性研究的设计中，在何种水平或程度确定我们的研究方法并准备如何执行将深刻地影响我们后续的研究进程和可能的产出结果。这个问题的本质就是我们按照研究之初确定的研究方法开展研究以及随着研究的深入进一步修正思路和研究方法的意愿和可能。结构的方法和非结构的方法针对的就是我们工作的规范性与灵活程度的。一般而言，当我们较为完整、全面而规范地设计了各个环节需要的资料和准备采用的方法的时候，我们就进入了结构化的研究模式。这种模式的形成多是因为我们自认为做了充分的准备并对已经和将要掌握的资料有较好的信心，所以那些长期在同一个茶学领域中开展深入研究的研究者容易采用这一模式。这种研究设计可以更为规范，从而实现不同来源的资料之间的对比，因此，在需要对某一变量进行解释性研究时，结构化研究的规范性特征就更为明显地发挥了作用。同时，我们也可以通过结构化的设计较为顺畅地推进研究，避免偏离研究目标，而且可以减少处理资料的数量从而减轻我们的工作量。但是必须警惕，任何预先设计的结构化研究都有其局限性，即存在着僵化处理资料与信息的风险，导致临场智慧得不到发挥，丧失灵活性。

非结构方法存在着突破僵化研究风险的可能，研究者可以围绕着研究问题，针对新出现的问题或资料进行特定的研究，甚至可以适当拓展和延伸，这种做法在追求内在效度与情境的理解上有着突出的优势。对过程的深度关注与反思对研究特定情境下的特定结果作用十分明显。在研究设计中，非结构化的研究方法主要被两类研究者所采用：一类是经验丰富的研究者；一类是经验不足而有着探索研究取向的研究者。对前者而言，这种研究方法可能的风险性较小，关键是研究深度及其可能产生的影响问题；对后者而言，由于研究主体经验不足或对该领域涉入不深，则可能存在着较大的风险和研究的随意性。选择这种方法时，应该主要关注以下三个方面：

（1）它是以个案研究为主体，比如对一项茶文化事件的研究，非结构性研究可以更深入地挖掘事件背后的线索和意义，更全面深入地阐明事件的过程以及对结果的可能影响。

（2）有利于研究者主观能动性的发挥，从而得出更独特、更具创意和想象力的解释，这样的解释往往带有更多的启示性。

（3）整个研究过程更具灵活性，尤其是可以获得更为丰富的资料和信息，从而使研究保持更大的活力和更多的可能性。

结构性研究方法存在着忽视背景和深层意义的风险。虽然非结构性研究方法对此具有弥补作用，但是也并非完美无缺，比如其适用范围的不确定性使研究者的研究过程产生相应的不确定性，从而带来潜在的研究风险，这对那些不具备丰富研究经验的研究者尤其明显。同时，由于缺乏结构性的约束，研究过程中过度依赖研究者的能动性、分析力和反思性，导致研究的信度和效度存疑。

在任何关于茶的研究中，把结构性研究和非结构性研究完全分开或者完全对立的做法都是不可取的。当确定了研究问题而又被研究方法的选择困扰时，我们应该首先明确的是要以什么方式去做研究以及为什么要这样做，而不是仅仅在设计和预构研究的方法和过程上过度纠缠。当明确了“怎样”和“为什么这样”的问题之后，可能的结局就是把结构性和非结构性研究有效地结合起来，也就是无论我们以经验和支撑材料所预设的研究计划有多么详尽和周密，但是总要留出可能的空间以便我们在研究过程中进行修正、拓展和深入。无论我们是否意识到，实际上绝大多数成功的研究都是以这种方法实现的，我们可以将其称为“互动研究方法有机模式”。对一项整体研究而言，这种方法强调以研究问题为中心，把结构性和非结构性方法相结合，并且在整体研究的不同时空阶段或领域上进行有效的组合运用。比如从文化、历史和社会三维视角对西藏茶文化的研究中，对西藏民主改革前茶叶消费差异的实证考察主要是用了结构性的研究方法，而在通过茶叶消费体现的阶级压迫和阶级剥削方面，则是通过结构性和非结构性相结合的方法来实现，二者的组合使用可以使多种具体的研究方法得以有效运用（见图7－1）。

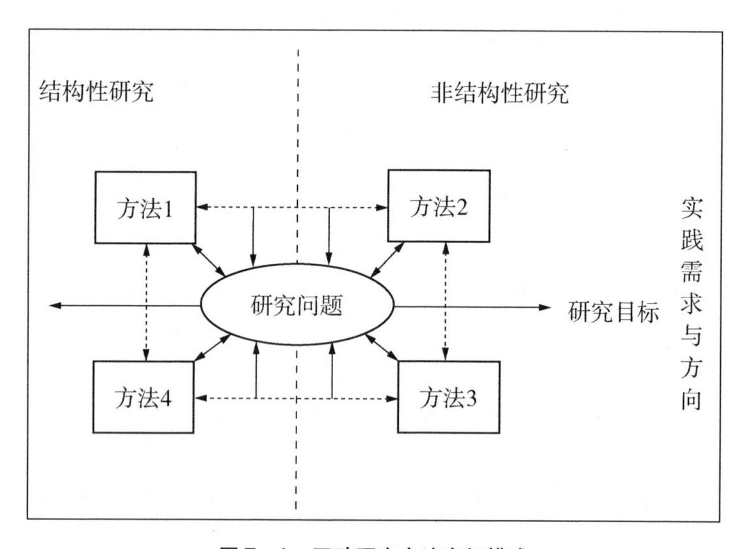

图7－1　互动研究方法有机模式

无论我们是否意识到，实际上，当确定了一个研究问题并准备开展研究之时，我们已经在这拟开展的研究当中形成了一个隐含的设计，只不过有的明显，有的则没有非常明确而清晰地被我们意识到。对这种隐含设计的警醒和反思对我们应用方法和推进研究有极大的帮助，因为这些隐含的选择对我们开展研究的方方面面都具有一定的影响。

当我们的研究涉及以访谈或其他参与方式获取资料的时候，我们必须处理好与研究对象之间的关系，以保证我们的参与不会削弱我们研究的信度和效度。这在研究的整体进程中也是一个关键的设计。假如进入一个产茶山村进行调查，那么我们的到来对这个村庄中所有的人便是一个重要事件，这会在不同程度上影响他们的言行并直接影响到我们收集资料的有效性。在研究中，我们同被研究者之间的关系便构成了一个复杂而又处于不断变动中的范畴。

参与式的观察或研究具备良好的优势，其中的互动性、参与性、可观察性、情境体验性等均可以使我们在研究过程中获得灵感或者新的启示，并使我们的研究能够具有持续的反身性，通过不断出现的新情境、新互动而促使我们自我审视和反思。深入到研究对象的社会生活情境之中可以让我们更直接、更深入、更全面地观察和了解研究对象并从中获得关键资料和信息；同时，通过情境体验，对特定的重要事件进行复原或者演绎，能够更为贴切地体验到研究对象的内心世界及其变化过程，有助于我们把握研究对象行动的内在动机与意义诉求。这对茶产业的群体研究，特别是对产茶区的茶农群体的生活、价值与文化等相关方面的研究具有良好的应用性。

第八章　立场与原则：反思范式

从事与茶相关的社会科学研究不能忽视一些理论传统，这些传统多是在西方社会学兴起后逐步形成的，在社会科学研究，尤其是社会学领域中显示并展现了一定的范式功能。

我们不能缺少和偏离的是马克思主义社会学的基本理论和原则。这首先在于我们开展的研究绝大多数与社会现象和社会行动有关，更与文化有关，用社会学的理论、方法和视角去解读更具说服力。其次在于马克思主义社会学为社会学的发展奠定了科学的理论基础并提出了一系列解决问题的科学思想和方法。如果我们的研究偏离了马克思主义社会学的要求，那么就会失去活力和有效性。

研究茶学问题应该坚持人民大众的立场，以始终坚持维护人民群众的利益为宗旨，这是我们分析茶文化问题、茶叶经济问题等的一条基本原则，也决定了我们研究的基本立场和视角。

辩证唯物主义和历史唯物主义是我们开展茶学研究的根本观点，并且我们以此为方法论指导。由此，我们可以科学地观察和认识与茶相关的社会生活，分析与茶相关的社会现象。

整体而言，我们从事茶学研究应坚持马克思主义社会学的基本原则。坚持参与性与实践性是我们开展茶学研究的重要原则。既然投身习茶，那么就必须把自己置于茶的社会实践过程之中，用源于实践的茶学理论来指导我们的实践，并在我们的探索和实践中不断检验、修正和发展理论。同时，我们还应该坚持科学的分析视角，也就是运用马克思主义的社会分析方法，遵循历史唯物主义的基本原理，在茶学研究中注重生产力和生产关系、经济基础与上层建筑的矛盾运动，把握好茶产业研究和茶文化研究的关系和运动规律。茶学研究离不开唯物辩证法，我们既要注重不同事件、不同文化形态和不同研究方法之间的联系，也要关注其区别；在动态分析中，既要关注其特殊性，也要从中总结共性；既要看到茶文化演变的永恒性，又要看到它在特定时空中的稳定性和持续性。实际上，在茶学研究中，唯物辩证法给我们的是关于我们运用经验、文献资料、过程和理论的方法的指导，它既是宏观的又是微观的，而且无时无刻不存在于我们的分析和研究过程之中。失去了辩证思维，我们也就失去了科学地理解茶与社会关系的一把钥匙。

习近平总书记说：“两个世纪过去了，人类社会发生了巨大而深刻的变化，但马克思的名字依然在世界各地受到人们的尊敬，马克思的学说依然闪烁着耀眼的真理光芒！”[①] 一个重要体现是马克思主义的创立深刻总结和汲取了人类优秀文明成果，它不是封闭的也不是独立为王的。恩格斯指出：“马克思的整个世界观不是教义，而是方法。它提供的不是现成的教条，而是进一步研究的出发点和供这种研究使用的方法。”马克思主义社会学对其他理论流派也保持着开放和对话的学术态度，强调理论的运用要关注实践的变化并在实践中不断丰富理论成果，体现了与时俱进的开放精神。我们在马克思主义指导下开展茶学研究，同时并不排斥运用、吸收其他理论工具和适用的具体研究方法，这也使我们的研究异彩纷呈、各具特色，展现出中国茶学研究的独特之美。

功能主义传统是文化研究中的一个广受关注的研究范式。该研究范式的运用可以追溯至伏尔泰对社会文化现象的解释，他用功能性的方法指出，人们根据需要创造出一个上帝，并指出了宗教信仰的功能意义。进入 19 世纪，这种与生物体活动进行类比而得出的观点在社会科学，尤其是社会学的视野内得到推广，比如孔德、斯宾塞、涂尔干等无论是从进化论、有机论还是社会团结论等方面都一定程度上发展了功能主义。从 20 世纪 30 年代始，帕森斯把“结构功能主义”推至高峰，

---

① 习近平：《在纪念马克思诞辰 200 周年大会上的讲话》，载《人民日报》2018 年 5 月 5 日第 2 版。

并深刻影响了社会科学研究的整体思维模式。整体而言，功能主义强调社会构成要素对整个社会的延续或变迁所做出的贡献，与结构性分析不同，功能主义更倾向于功能作用的存在与发挥，而不是关注结构性分析。

在文化研究中，功能主义具备独特的优势，这些优势同样适用于中华茶文化研究。在研究某一区域内的茶文化时，即可以运用功能研究的范式把要研究的对象设定为一个系统并考察和分析其中的不同维度的组成部分，比如文化形态、行为方式、制度演化等，从而把握相应维度下各构成要素和组成部分对该区域发展的功能。这种功能视角可以进一步解析各维度下更微观的元素的作用与意义。在具有典型意义的深山产茶区的民族志研究中，我们可以通过深入参与、观察和有效的互动来深入理解和解构区域内的功能板块，并随着对社会情境体验的加深、理解的深入，通过对板块和元素功能的分析而达到对区域整体及其社会行动的客观把握。情境性是民族志茶文化功能研究的关键，即虽然区域内功能板块的构成是存在的，板块内更微观的元素也是客观的，但它们不是一成不变或者整齐划一的，而是情境性的、理解性的，即存在于一定情境且可被理解的，这是功能发挥的基础和重要背景。我们应该把握如下几个重要观念以使我们更为有效地运用功能方法：其一，茶文化中的人的能动性和人文性是普遍存在的，任何茶文化的构成都是在作为社会人的主体的实践中实现的，而且这具有普遍意义而非特殊的。其二，茶文化存在于社会中并形成社会事实的一部分，而且其中的各组成部分之间并非孤立的，也并非完全客观的，它本身对行动者而言是一个完整的意义系统。其三，情境研究中的功能分析和解释更加重视相对性而非绝对性，而不是追求分析和解释的无限适用性。在把握这几种重要观念的同时，我们也应注意，运用功能主义在研究中存在着一个潜在的风险，即“自我的循环论证”。我们从情境和实践中解构出功能板块，并对板块功能进行分析，最终得到区域各组成部分存在的意义和发挥的作用，以此作为区域现状合理性的重要支撑，如此便形成了循环论证，甚至出现“存在即有意义、存在即合理”的结论，形成保守主义倾向，对茶文化研究的创新会带来一定的负面影响。

后现代主义是西方兴起的一种针对主体性和主体客观性的思潮，但一直以来并未形成权威界定，甚至其中的争论仍在持续。“二战”之后，后现代主义得到发展，实际上是对现代的延续和拓展，但同时又受西方社会战后的危机以及机器、商品文化的消极影响，所以它又反对一般意义上的规则和形式，反思人性受到的压抑，从而更向往激进主义和原始真实主义。虽然后现代主义由多种研究取向构成，比如建构主义、解构主义、消费主义、女性主义等，但整体上它们都体现了一种反思、批判的倾向。这种范式对我们的研究具有特殊的启示意义，即反思现代生活中关于茶文化运用的社会现象。反思与批判视角的选择让我们更具洞察力，它给我们预设的一个前提是：对一种生活文化与精神文化相结合的文化形态普遍保持乐观所体现出来的并非全部是文化的繁荣与人类的进步，我们不能忽视繁荣背后的残缺、矛盾与误入歧途的风险。比如从现代消费的反思视角去审视茶产业与茶文化的发展是具有一定的积极意义的，而不能不顾茶叶经济的繁荣以及对区域经济的贡献力，更不能否定茶文化的发展的积极意义。它所体现的是一种批判思维和研究路径，通过运用隐喻、类比、解构等方式来重构现象及其过程，并从知识主体的能动性、秩序形成的偶然性来看待事件与现象背后的意义。

但是，我们看待后现代主义应该保持足够的警觉，因为它本身自带危险的基因，它对西方传统哲学和现代社会理性的反思、批判、纠正与反叛常常走得太远，甚至完全否认解释的意义而彻底抛弃理性，最终走向怀疑主义和虚无主义。我们在反思现代茶学，尤其是茶文化发展的时候，要有一颗敬畏与警惕之心，必须坚持马克思主义的基本理论与方法，尤其是以马克思主义社会学为基本指导，以避免随着后现代主义的反思与批判而误入歧途。

第九章　茶道：知识与意义的生成

茶文化是雅俗共赏的文化形式，它并不排斥其他大众文化的存在和流行，因为它本身就是一种具备大众共享性的文化典型，是一种于历史和人类生活中重要的符号系统及意义系统。它的雅俗共赏性深刻地体现于人类日常生活的丰富多彩的形式之中。

在这里有必要追溯一下关于文化的基本问题。西方的“文化”一词源于拉丁文，本指对植物的培育以及农耕。大约15世纪以后逐渐在引申意义上被使用，而主要运用范围就是人类社会及其产物。在中国，文化的含义更为深刻，它是把丰富的“文”的内容与“化”的生活内容、社会化内容有机结合于一体的产物。各种各样的文化定义显示了文化与人类社会的密切关系以及由此引发的理解的多维度可能。美国文化人类学家克罗伯和科拉克洪在1952年发表的《文化：一个概念定义的考评》中分析了100多种文化的定义。认可度较高的是英国人类学家泰勒在《原始文化》一书中给出的定义，他说："文化，就其在民族志中的广义而言，是个复合的整体，它包含知识、信仰、艺术、道德、法律、习俗和个人作为社会成员所必需的其他能力及习惯。"① 无论怎样分析，文化的多维度性、整体性以及人类社会的特性是不可缺少的。人类创造了文化，同时在文化中创造了自己。我们关注文化或者分析文化，首先在一般意义上需要界定其范畴，即是属于广义的文化还是狭义的文化，再按照不同的维度进行文化分析，同时要关注其在特定时空条件下发挥的社会功能。

在习茶过程中，我不仅深深迷恋上了茶叶和它的文化，更被它牵引着去探索更为深刻和富于奥妙的文化元素和文化整体，其中最重要的是当把茶文化与"中华"二字相结合形成中华茶文化时，其范畴、背景、意义使我有了新的认知。《茶谱系学与文化构建：走进西藏茶叶消费空间的秘密》一书就是把这种经验、思考进行一种转化的结果。这其中有这样几种文化感悟：其一，中华茶文化是中华文明的有机组成部分，它的特征明显，而且过程性清晰。这种称谓或表达是对茶文化本身的一种谱系性的追寻、探索与反思，所以不能简单地将中华茶文化归于茶文化的构成部分或特定阶段的产物。其二，当宏观与微观结合的视角得以实现时，中华茶文化的

---

① E. B. Tylor. *The Origins of Culture*. New York: Harper and Brothers Publishers, 1958: p1.

魅力则又被进一步发掘，它不但全面地融入世界的文明进程，而且深深地嵌入人们的日常生活，成为生活的有机组成部分，只有在宏观与微观相结合时我们才能真正发现它的巨大魅力。其三，时空范畴性使中华茶文化的基因或其影响遍布世界，并与当地历史、社会和文化相结合形成丰富多彩的世界范围内的茶文化大家族，从来没有哪里的茶是独立于这个家族之外的。这样，它默默地为地球上每一个人的美好生活而努力和奉献。

中华茶文化的意义还在于让我们从中体验到中华民族的有机性。若平日里我们谈论不同的民族，可能对民族间的差异更为关注，即一个民族何以成为民族，而少关注或在意不同民族之间的共通性或者多元一体的有机性，这是由我们的惯常思维模式亦被民族特色吸引所致。然而，当我们关注中华茶文化在中国大地上普及并融入不同民族而形成丰富多彩的民族茶文化体系之时，我们才更深刻地意识到每个民族之间甚至人与人之间在茶文化方面有那么多的共通之处或者相似之处。中华茶文化就是这么奇妙，它既是历史过程，又是社会生活，还是中华民族的物质和精神的重要纽带。

当意识到茶文化给我们带来的更深层的意义时，我们也在相应提升社会学的想象力，更为深刻地洞察社会，发现我们自身的意义和价值。中华茶文化的出现、形成、发展和传播与中华民族有着密切关系，甚至在过程上有着同样的轨迹，其发展进程与中华文明的整体进程几乎同步。在这一过程中，中华民族不但创造了茶文化，而且把中华茶文化的精神融入我们的民族品格之中。茶树虽然是大自然的馈赠，然而茶叶及其文化具有超自然性，也就是人类社会的特性，我们可以将其视为茶的本质属性。它在我们日常生活中逐渐形成并逐步系统化为精神内容，成为我们民族精神的重要组成部分；同时，它也超越我们作为个体的人，显示了独特的群体性、民族性、区域性和作为中华民族多元一体格局有机构成的特性，从而为我们每个人所共有、共享，并通过我们共同的活动而体现出来。它在我们的日常生活中通过一代代有意识的学习、口耳相传，尤其是日常生活中的运用而保存、传承下来，并不断增加新的元素。中华茶文化是由不同地区、不同民族各具特色的茶文化共同组成的，但不是它们的简单组合，更不是随意的堆积，而是通过历史、社会和生活真实而生动地结合于一体的，其内在联系是真实的、强大的和具有生命力的。

若谈茶叶和茶文化自身，那么也会有丰富的启示。茶叶和茶文化在阶级、民族、国家之间没有绝对的隔阂，无论是在生产力落后的古代社会还是在生产力高度发展的现代社会，无论是在偏远闭塞的村寨还是在开放繁华的都市，都有茶叶的“身影”。茶叶在人类社会历史中是雅俗共赏的文化存在，它的本质在于人民性和有用性。我想对于普通人来说，他们不会或很少关注茶叶对世界文明进程的影响或者不同国家、地区的人们的生活方式受茶文化影响的程度，这种宏大的文化存在对他们而言进入学术书籍或者是高校课堂可能更具合理性。他们对茶叶及其文化真正关注的更可能是在日常生活中的运用。以此而言，茶文化更是一种通俗的大众的文化，其中表现出来的主要是常人的文化观、人生观和世界观。

中华茶文化中包含的丰富多彩的内容及其多元的组成部分是真实的和有效的。任何承认中华茶文化的有机统一性的观点都不应该否认在有机统一的整体观之下的丰富性和多元性的存在。我们也应该发现和挖掘中华茶文化的谱系性，这是一件有趣而有意义的事情，但是我们这样做的目的绝不是“妄自尊大”或“唯我独尊”，而是帮助我们更好地发现茶文化对人类文明和幸福生活的意义。从表现形式而言，茶文化的丰富多彩和多元性在不同国家、地区和民族之间是有着清晰的表现的。

无论何种形式的茶文化，它们都是表现在人们的日常生活之中的，比如广东潮汕地区的乌龙茶、西藏的酥油茶和甜茶、内蒙古的奶茶、云南的三道茶等无不是如此，而英国的下午茶文化、印度的拉茶文化、日本的抹茶文化等亦是如此。作为日常生活的一部分，喝茶与茶文化成为我们工作、学习、生活、休闲与人际往来的一部分。如果我们细细品味，茶当中既有传统日常生活的慢节奏，可以让我们慢慢地回味与品评，也有现代生活的清新、丰富、多元，可以使我们在陌生感增强的现代社会当中增加几分亲密，增添更多的和谐，让我们拥有更有延展性和质感的生活。这种最真切的生活形式来源于我们对茶叶的喜爱和对它自身所具有的文化品格的推崇，它敏锐地触及我们的文化心理。在日常生活的河流中，我们不知不觉地便走近了它，而不是完全跟随着市场。当然，我们并不否认也不能否认茶叶或者茶文化自身所具有的经济特性，因为物质生产是我们日常生活世界的基础。茶文化产业的兴起是和现代社会相伴而生的，但是自唐朝开始征收茶税起，茶叶便已经深深融入社会经济中。若我们把茶文化视作大众文化的一种，那么我们无论是在研究中还是在实际生活中，不但不能无视茶文化的商业性，而且也不能忽略茶产品在现代市场中的批量化生产和市场化运营的现象。总而言之，无论是茶叶实体还是茶文化精神产品，在市场中总要面对大众，而我们在其中也就变成了地道的消费者。茶叶和茶文化满足了我们作为消费者的需求，也就是我们对茶有所求。这种消费需求除了基于茶的物质实用性和茶文化的精神给养功能外，还在于它本身具有的特定历史阶段生活的娱乐元素。宋朝的斗茶就是一种典型的传统社会意义上的娱乐方式，而且是一种高雅的娱乐。纯粹的现代大众文化需要有相应的物质生产作为支撑，与金钱、时间、传播技术关系密切，但是作为一种独特的且为所有社会群体共享的文化形式，茶文化和它们的关系又不是那样紧密，有时甚至显得若即若离，比如工地上最忙碌的工人，他们尽情享受茶叶而不需要宽裕的时间、金钱和任何传播技术，但对于这背后更多的丰富的文化内容，他们却所知不多。当然如果现实生活允许，茶文化的形式和内容也必然成为他们享受茶的一部分，因为作为通俗文化的一种，茶文化是满足人们美好生活需求的重要组成部分。但若如此，我想更为出色的茶文化传播是不能缺少的。以现代大众文化的标准来衡量茶文化目前的状况，虽然它在日常生活中渗透性极高，但是在文化的内容和形式传播方面仍然是有很大局限的，所以对很多群体、很多人而言，它是于日常生活与文化生活之间纠缠着的一种若即若离的文化状态。现代科学技术尤其是传播技术的突破使茶文化的日常渗透性大幅度提高，引导好和运用好现代茶文化传播是促使作为现代大众文化的茶文化发生重要转变的极为关键的方面，使日常生活和文化生活之间的鸿沟得以弥合，达到统一。另外，我们还会发现，茶文化传达的主要是融入我们日常生活的稳定的茶文化思想、观念和价值观，从而潜移默化地塑造人们的行为方式和国民性格，这种以文化特征为主的国民性格具有内在的向心力和凝聚力。或许我们会强调它是大众的共享物和通俗文化，但当人们有意识地思考、学习、运用茶文化时，它的静、雅、和、俭等人生伦理和态度就会显现，意识形态的思想倾向也是格外明显的。同时，茶对我们日常生活尤其是生活方式的影响通过对茶叶或茶文化产品的消费体现出来，这实际上也是一种通过激发、满足、引导需求和诉求的形式来整合意识形态的过程，从而影响行为导向和方式。

茶文化作为我们日常生活的实体文化和精神文化的统一

体，于个体、群体和社会而言都是功能性的存在，我们的讨论也是基于此展开的。但是无论从功能视角或者意识形态视角看待茶文化，都必须坚持唯物辩证的原则。当然，在我们接触茶或者谈论茶文化的时候，这一原则性是自然而然发生作用的。

一些学者和普通大众关注到茶文化当中一些不实的或者夸张的、虚假的信息和“文化”，甚至当我们从学术的视角去深入分析时会被这些现象震惊到，无论这些信息产生的原因是什么，它们中有的甚至已经成为日常生活当中群体、组织、政府广为传诵的美德故事的典型，甚至还在被进一步加工。虽然在茶文化当中包含相关的故事内容，可以独立构成一个文化部分，但是我们传播这部分茶文化时必须明确它们是故事，甚至对此要强调和突出，而不能混同于事实，这既是对普通读者和大众知情权的尊重，也是对唯物辩证原则的遵循，同时亦是一个茶文化研究者的基本职业素养。若一些个人或组织对此不以为然，甚至故意为之，那就陷入了法兰克福学派所宣称的文化工业所隐含的意识形态的虚幻性和欺骗性的漩涡，也就是说，这样的“茶文化”已经沦为某些群体或集团追求利益的文化工业，而不是大众和社会自由选择的结果，大众对其失去了生产决定权，同时也失去了购买决定权。这样的“茶文化产品”通过不断复制和生产把自己也不断塑造成“真实”或者“真理”，从而侵害了社会生活。

真正的茶文化的社会功能，尤其是意识形态功能应该是与社会历史潮流相符的。无论是作为高雅的茶文化还是作为通俗的大众茶文化，在现代社会中都是十分广泛的，从传播学的角度来说就是有极大的受众量，正如我们前面所分析的，这一现象正是建立于茶文化与日常生活的深刻结合。所以，无论从哪个角度、哪个受众群体而言，茶文化本身所带来的影响都具有广泛性。加之现代大众传媒形成的无所不在的传播网络，即使我们行进在路途上也无法躲避大众传媒的影响，比如乘坐高铁、地铁、飞机时，各种各样的传播媒介将我们完全包围。在这样的环境中，茶文化被赋予了一种广泛存在的潜移默化的意识形态影响甚至控制功能。之所以说茶文化具备意识形态影响甚至控制功能，我想应主要关注它对人们日常生活方式的影响、塑造和改变，相应地，人们在生活趣味、行为方式、消费选择、流行语言等方面都被不知不觉地打上了茶文化的符号，不管这种符号的影响力如何，一旦我们的消费方式、休闲方式和行为方式发生了变化，那么也就意味着相应的文化影响或相应的具体的社会制度在形成或者改变，这符合马克思主义社会学的制度分析理论。当茶文化的影响或者是与其相关的非正式制度形成后，它就会制约人们的社会行动，尤其当这种行动以群体形式或者组织形式进行时，比如茶叶生产企业的社会行动或者茶农群体的行动，其制约作用就更为明显。以此而论，茶文化的意识形态影响绝非现代社会的产物，只不过随着社会历史的变迁，它的影响方式、表现形式也在不断发生着变化。

如果说茶文化的意识形态影响是广泛存在的，而且具有纵向的时间延续性，甚至可以向前追溯至茶文化形成时期，那么我们还应该关注，在当今全球化、一体化的时代大背景下，茶文化的意识形态影响也相应具备全球性的特征，虽然《茶谱系学与文化构建：走进西藏茶叶消费空间的秘密》指出并强调茶文化随着茶谱系的展开而在世界范围内逐步确立，但是现代社会的发展与需求，尤其是科学技术取得的突破性进展使茶文化的价值最大限度地融入全球的社会生活之中，我认为在这里可以用“茶的文化全球性”对此进行形容和界定。使用这一术语主要是想强调茶及其文化在世界范围内产生的意识形态后果。无论在哪个国家、哪个地区，茶都是一种通行的被认可的礼节和文化，甚至比咖啡、啤酒有着更广泛的应用。

文化全球化就是在全世界范围内进行文化整合，在全人类具有的某些文化基本精神和价值层面上整合出一种有力的共同性和认同感，促进人类“共同体文化”的形成。文化全球化有来自经济全球化和国际交往不断拓展和加深的影响，也有世界范围内各个民族和地区人民自觉价值选择的影响。“茶的文化全球性”和“文化全球化”是否有关联呢？我认为联系是必然的。

全球化是后现代理论的重要视野，并于后现代时期受到格外重视，自20世纪60年代以来，该问题在西方学术界也形成了颇多的争议；同时，与其对应的政治、经济和文化等方面的实践发展迅速。从现实发展看，文化全球化是对全球文化关系和结构变化趋势的一种互动性的回应。它本身是全球化的重要组成部分，这一特点使文化在现实意义上超越了一般意义上的社会制度和政治上的意识形态分歧，成为人类的共享资源，促使不同形态的文化之间对话、沟通和交流。文化全球化与经济全球化之间存在着关联，一定程度上而言，文化的全球化是经济全球化发展的重要后果之一。但是在这一过程中，茶文化实现的是文化同质基础上的多元化发展，是在茶叶实体和中国传统茶文化基础上与茶本土化的辩证统一，它在全球的生命力的根源就在于此，茶文化的全球性也只有在追求或者实现具有各自特征的多元化发展时才更显出其实践价值。从这一点而言，茶的文化全球性为我们看待全球化时代文化与价值认同提供了新的视角。

当然，会有人质疑我的这一结论，他们会说，文化全球化是资本主义的文化模式，尤其是发达资本主义国家产生和生产的文化，它们利用技术形成无所不在的意识形态强加，把它们的阶级主张、价值观、生活方式融入其中，从而最终推销它们自己。大众文化与资本主义之间有着千丝万缕的联系，但是从社会的根本制度而言，社会主义实践的出现和深入开展，尤其是中国特色社会主义的伟大进程使这一状况发生了重要改变。那么，资本主义企图利用大众文化改变世界价值体系和价值观念的图谋遭遇了一种新的充满活力和希望的文化价值体系的冲击。就目前状况而言，二者是并行的，共同影响着世界大众文化的可能取向。如果把中华茶文化作为大众文化的代表之一，那么它的色彩则完全不属于资本主义文化形态，而是新时代下人类共享的文化，它以人类的健康幸福为宗旨，而不谋取意识形态的强迫和自我的推销。

“茶的文化全球性”作为文化全球性的典型特征，其背景相对于以前已经有了质的变化。“人类命运共同体”历史潮流不可逆转，顺之者昌，逆之者亡。如果人类想要走向更美好的明天，必须迈过“人类命运共同体”建设中的重重阻碍，克服各种困难。

有人说茶文化在新时代下是明晰的，影响是巨大的；也有人说对普通大众，尤其是对农村居民而言，谈不上有茶文化的存在。实际上，当我深入学习、领会茶文化时，我发现后者的结论是被茶文化表征的隐蔽性迷惑了。茶文化的日常生活性包含丰富的内容，绝不是必须表征于茶艺、茶道或者茶叶识别上，对绝大多数普通饮茶者而言，这些恰恰是他们的非重点关注领域；普通人所看重的可能更多的是茶的实用性，这也正是茶文化的根基和日常生活的基础，但这并不是说他们就没有其他形式的茶文化需求，只是生活方式的差异和长期的习惯掩盖了这种需求。无论关注哪些方面、需求有哪些内容，随着经济社会的发展，在对美好生活追求的过程中，对茶文化的需求也必然会增加。此时，对所有群体和个人而言，茶文化中的隐蔽性内容将进一步显现。科学技术的快速发展和重大突破将为这种隐蔽性的消除提供技术支撑，而随着人们生活品质的提升，主要依据个人的品位和爱好来选择茶文化的形式和内容将得以实现。实际上，现代传播技术已经使茶文化的传播比在传统社会中的传播有了极大的改变和提升，这也让人们产生了关于茶的时空压缩感，这在茶产品的销售领域尤其明显。

如果换个角度来看，作为一种雅俗共赏的文化形态，茶在走向世界的过程中以及正在演化的进程中，深刻地体现出中国特色，尤其是文化特色，并且逐渐与世界文明相结合，形成多元的、丰富多彩的茶文明格局。当社会主义市场经济开始勃兴，茶文化作为一种处于边缘领域的文化形态逐渐转化为市场中的热点，成为文化产业的重要组成部分。在福建、浙江、云南、四川等省份，茶产业和茶旅游文化产业成为当地经济发展的重要力量。但同时，充斥着市场思维和元素的大众文化对茶文化的影响亦不能忽视，问题的关键就在于这种雅俗共赏的生活方式与作为精神修养的吸引力与认同感受到的冲击的大小。注重消费，注重时尚，注重品位，甚至攀比消费、炫耀消费的风气产生了严重的消费主义倾向，甚至有鲍德里亚分析的消费社会的意味，弥漫着对“消费幸福”的盲目崇拜。从这一角度而言，全面从严治党、全面依法治国和社会主义核心价值观显得极为重要。之所以这样说，是因为它们体现了中国特色社会主义制度的引导性和规范性特征，由此产生对大众文化的强大影响力、制约力、牵引力和形塑力。它们形成的主流文化对大众文化具有巨大的甚至决定性的影响，从而极大地降低了大众文化偏离轨道的风险，也削弱并强力纠正着消费主义、享乐主义倾向产生的对个体感性欲望的痴迷。从消费和文化传播角度来说，茶文化建设既属于党和国家领导下的文化事业，也属于符合市场要求的文化产业要素，在本质上符合中国主流文化，面对各种负面的影响和冲击，中国茶文化的发展应坚守自己的本色，而不是偏离或抛弃，在世界茶文明的大格局中，这一点更为重要。

第十章　符号与异化：认识茶消费

无论我们如何评价现代社会的消费特征，它都已经完成了自我进化，并形成庞大的符号意义系统。在此基础上，无论我们如何对茶文化的发展进行引导和规范，都不能或者无法抹去它的现代社会消费特征。但是正如前文所讨论的，我们不能简单归纳和定位茶文化的意识形态功能，更不能简单定位茶叶消费或者茶文化产业的现代社会消费特征。所以，我想有必要结合西方的消费社会理论对这一问题进行分析。

现代消费理论分析的典型代表应是社会学家鲍德里亚，他突破传统思维和分析范式，形成了对现代消费的符号消费理论，构建了符号消费理论体系。鲍德里亚认为，传统社会当中生产决定消费的规律已经失去了现实基础，现代社会当中强大的力量之一来自于无处不在的消费，消费已经突破了单纯的经济范畴，成为影响人们行动的重要社会文化范畴。

实际上，关于茶的消费，我们还要具体分析。相比传统手工茶叶生产，现代机械化生产设备大量投入、生产技术极大提升和产品种类极大丰富，茶叶生产对茶农群体以及茶产业中所有的人的意义更加深厚和丰富，实际上更是一种职业的经济和生活化的行为。这当然与茶消费密切相关，但如果联系鲍德里亚的消费理论，评价茶生产和茶消费之间的关系，我们更应该关注茶叶消费和茶文化消费自身的符号及其意义。

在传统社会中，茶叶消费更具备文化元素，它的纯经济功能则表现出较大的局限性。在现代社会中，茶叶生产表现的生产性更加纯粹，相比较而言，茶消费却产生了更大的分化。在从传统向现代的转变中，鲍德里亚把物的功能性解放和符号化作为现代消费社会的基础，功能不能简单地等同于使用价值，还与它的象征意义紧密相关。对此在茶消费当中必须引入两个领域，也就是茶叶实体的消费和茶精神文化的消费。茶消费与纯物质型消费和纯精神型消费不同，它既包含二者，又在两个领域中相互自主存在，这种“自主”本身有着内在的千丝万缕的联系。总体上它的功能性不但没有减弱，而且随着现代科技的发展而被不断强化，茶叶对人类健康的巨大呵护作用在不断被发掘，相关产品越来越丰富，其功能性也得到了越来越多的承认。关于实际象征意义，更多集中于茶的精神文化消费领域，它既是一种生活模式，也是一种生活情趣。对现代中国社会而言，它象征着一种宽容、静雅、勤劳、淳朴的价值理念。当然在二者的联系当中，茶消费也成为一种身份、品位和价值的综合体。若再具体深入分析，那么功能性联系的是茶对人体健康的重要作用，这是茶叶实体消费的基础。它的符号意义既包含这一点，还是一个以此为基础的有机体。茶叶实体功能性与茶文化精神意义二者共同构成一种符号意义的集合，而且是基础性的集合，因为它们对外具有根据不同群体和消费模式而产生的巨大延展性。我们可以按照不同的标准将茶消费群体进行细分，而不同的茶消费群体的消费模式也多种多样，或者说是由多种模式根据组合、比例、侧重点等构成的组合体。也就是说，某一茶消费群体和与其对应的消费模式之间是一点对多点的关系；同样，某一茶消费模式与茶消费群体之间也是一点对多点的关系。当然，这是以特定茶消费群体和相应的最主要的消费模式为主线索的，某一特定的茶消费群体必然对应着一种特定的主要的消费模式；反之，也是具有合理性的。茶消费的特定符号意义如下：

$$\text{茶消费的特定符号意义} = \{(\text{茶叶实体功能})(\text{茶文化精神意义})\} \times \sum_{i=1}^{k} \text{茶消费群体} \times \sum_{i=1}^{k} \text{茶消费模式}$$

上面给出的茶消费的特定符号意义公式中，茶叶实体功能的类型数及其对应的功能特点与茶文化精神意义的类型及其对应的精神意义内容，二者为并列组合的关系。k 对应茶消费群体类型数及其对应的消费群体特点，k 也对应茶消费模式类型数及其对应的消费模式特点，原因在于二者在类型数量上具有较好的恰适性，为在理论上进行配套和更好更直观地反映二者的关联关系进行人为设定。

无论何时，茶消费的实体基础都是茶叶本身，是对茶叶本身消费的欲望，但是它绝不是简单地来自于茶叶本身。随着现代社会健康理念和美好生活理念的形成和广泛传播，茶消费的最重要影响因素甚至转化成了人们对茶的健康定义以及茶给人们带来的身份标签意义，也就是茶作为实体与精神结合体的针对不同社会群体的象征意义。鲍德里亚所说的消费社会的过程正在发生，但是人类对茶的使用价值的需求本身并没有被取代，即使在很多情况下消费者是依据茶的象征意义而直接完成消费的，比如对茶叶品牌的选择多是通过广告、媒体或口耳相传形成的符号化的消费，但这也是需要消费者以对茶叶实体有基本认知，尤其是对茶的使用价值的认知和认可为背景的，这样，消费行为才具备坚实的基础，发生的概率才更高。在这一过程中，我们也不能否认消费的符号化有增强的趋势，或者说这正是消费与现代科技尤其是网络的普及相结合形成的一种后果。一方面，网络给消费者提供了符号消费的极大便利，无处不在的网络维持和巩固并进一步加深着符号消费的常态性。茶消费同样如此，我们的消费欲望也经常被网络中的茶广告、宣传、展示所激发，而网络与销售、物流的有机结合又极大地提升了消费欲望实现的可能性，使其在瞬间转化，货币的虚拟性也空前增强。另一方面，在商业网络化竞争不断加剧的时代，茶消费的形式、茶叶品牌种类极为丰富，人们已经无法通过传统的形式完成对消费品的完全认知，而只能借助网络通过符号化的定义来进行选择，茶叶生产者和销售者根据这一特点，各尽其能，不断推进茶消费符号化的深度和广度。总而言之，我们喜欢茶，关注茶，喝茶用茶，但是形式上越来越走向它的符号意义。

如果非要说网络或者大众传媒强加给消费者茶消费的欲望，那么也是有失公允的。各类网店、销售平台、购物中心、超级市场、主题公园等销售场所和空间以及无处不在的信息灌输进一步提升了人们对茶的关注，刺激了人们对茶消费的欲望，但我认为这些存在都是器物性的而非茶消费行为的本质。这又使我们回到了原点，即茶消费的根本在于茶的本性及它对人类生活的深刻影响。本质是真实而深刻的，形式是多样的和丰富的，二者的统一在于现代社会网络化的改变。大众媒体对现代消费的诱发是不可否认的，但是也应该看到人们自身价值观念的变化。若价值被大众传媒影像化、虚无化，那么一切严肃的和本质的生活意义将被湮没于以消费为根本目的的浊流之中，人的价值和意义也异化为虚无的意识形态，并侵蚀着人类自身机体。鲍德里亚就曾指出，广告以臆想的虚幻来表征实物及其理想状态，并通过隐晦的杀伤来蚕食人们心理运作机制，从而驾驭人类消费心理，再抛弃人类自我的真实理想。

鲍德里亚的贡献在于他把消费作为现代社会异化的一种表现形式，从而沿着马克思的关于劳动异化、人的异化理论进行了现代社会的拓展。所以，我们在研究茶消费的时候有必要重拾消费理论尤其是异化理论，深切关注茶消费中存在的这些现象和取向。现代茶消费中以消费行为本身表现出来的是人与人之间的社会关系，这种关系又通过消费行为编码成为相应的社会地位和价值观念。当茶消费完全或部分地脱离了其自身本质时，我们应该对此产生足够的警觉和反思。

早在欧洲文艺复兴之后，“异化”一词就已经被引入社会科学领域，只不过未引起足够的重视。在德国古典哲学范畴内它才真正产生了广泛的影响。“异化”是德文 Entfremdung 的意译，意思为转让、疏远、脱离。其本身成为阐述主体与客体关系的重要哲学范畴。它表明主体在发展过程中产生、分化出自己的对立面，即客体，这个对立面作为一种异己力量反转过来，甚至支配主体自身。黑格尔第一次赋予了“异化”概念深刻的哲学含义，从绝对精神产生出其对立的自然界，并返回自身。费尔巴哈则用异化说明人类自身的本质问题，他认为人类借助幻想和虚构把自己的本质“异化”为上帝，想要破除对上帝的膜拜，消除这一异化现象，就必须揭示人的本质，也就是所谓的上帝的本质。黑格尔的异化思想实际上是唯心的，但包含着辩证法的“合理内核”；而费尔巴哈虽然运用异化概念揭示了宗教的本质，揭开了“神”的面纱，在反宗教神学中产生了重要的作用，但仍然徘徊在唯心史观的窠臼之中。

马克思和恩格斯批判地继承了黑格尔和费尔巴哈的“异化”思想，用“异化”去分析资本主义社会的诸多现象，并提出异化劳动论。但是我们应该注意，马克思的关于异化的理论是在特定历史背景下形成的，很多学者认为，在唯物史观创立之后的成熟的马克思主义著作中，“异化”不再具有世界观和方法论上的一般意义，更不是马克思思想体系的中心范畴，而只是作为表述阶级社会特别是资本主义社会某些特定的社会现象的一个具体的、历史的概念，并在此意义上被使用。所以，当“异化”这一概念广泛进入我们的学术分析或语言表达时，如果脱离了资本主义社会背景，那么它的意义已经从马克思主义一般意义上的层面发生了转化。我们看待鲍德里亚的消费社会导致的异化应关注资本主义社会背景，同时也不能否认社会主义社会中茶消费的变化。基于此，在中国特色社会主义的语境下，把鲍德里亚所说的消费社会导致的异化转化为物化或对象化是恰适的。物化或对象化指涉的是把人的属性或力量转化为独立于人甚至对立于人并产生支配取向和力量的对象或物的属性和过程。它随着人类社会的不同阶段而有着不同的表现形态，人类社会初期的图腾崇拜、现代社会的身份标签都在此列。与异化不同的是，物化或对象化作为人类的社会活动及其产物，将与人类社会一起长期存在；而异化则属于特定的历史范畴和现象，也将随着私有制和阶级的消亡以及僵化的社会分工的消灭而消失。所以，我们在茶消费分析中重视异化及重拾相关理论，目的是警觉、反思和纠正物化或对象化走入歧途，尤其不能堕入“异化”的泥潭。我们的茶消费在形式和内容上是坚定于满足人民群众不断增长的美好生活需求的原则的，茶消费的特定的符号意义也是以此为基本原则的。

第十一章　修身、修心与生活模式：茶与身体

对自身生命和身体的关注不断激发着我们对茶的深度挖掘，也不断催生着相关产业的出现，提升着茶文化的影响力。从这一视角看有值得思考和进一步探索的空间与价值。目前对茶叶被人类利用的相关研究表明，茶叶对人体的药用性是最早和最被重视的方面。在传统社会中，“茶为万病之药”的说法有着广泛的认知基础。日本僧人荣西在《吃茶养生记：日本古茶书三种》中对茶的养生、保健、疗疾的功能更是推崇至极高的地位。[①] 甚至日本的医史学界有学者指出，该书不可归入饮食文献之列，而是“纯粹的专门医书”[②]。

---

① 参见［日］荣西等《吃茶养生记：日本古茶书三种》，王建注译，贵州人民出版社2003年版，第28页。

② 廖育群：《扶桑汉方的春晖秋色：日本传统医学与文化》，上海交通大学出版社2013年版，第343页。

第一节　知识考察：身体文化的密码与茶

身体是我们存在的物质基础，但只有在社会中这一命题才是真实的、成立的。1977 年，日本学者汤浅泰雄出版了《身体》一书，作者认为在西方身体观的传统中，把“身”与“心”进行区分，并以此为前提进行分析。笛卡尔说“我思故我在”，突出思想和肉体的同在和对立，人的命运也取决于这种真实不虚的精神世界与物质世界的统一，而不是上帝。这种身与心的二元论极大地激发了西方近代哲学的发展，甚至被认为是其真正的出发点。而东方身体观的特色在于“身心一如”，即把“身”与“心”理解为不可分割的。汤浅泰雄认为，修行是问题的关键，他分析了印度的修行，又经中国到日本考察了修行的观念与实践的历史变化过程，得出结论认为修行是锻炼身体和心性的必要手段。随后作者考察了东方身体观的意义及其在现代所具有的价值。[①] 在东方的哲学传统中，身心统一是一项重要原则，这在茶与生命的关系中更得到了真切体现。茶对身体的作用与人的心灵发展产生了密切关系，也就是对身体的意义和对精神的意义应该是内在性的相互关联的。

在中华文化体系，尤其于初始之时，是以实体的身体观

---

① 参见［日］汤浅泰雄《灵肉探微：神秘的东方身心观》，马超译，中国友谊出版社 1990 年版。

为主的，甚至是绝对的，这源于一种与生俱来的生物本能。因此，不难理解3世纪前中国思想中“身”的本体论思想以及其后出现的从“身体实体论”向“身体虚体论”的动态转化。实际上，先秦思想中关于身体哲学的思想已经十分丰富，“以身为天下贵”和“推己及人”成为“贵身”哲学的两翼，另外还有“赤子说”“修身说”“舍身说”等流派。孔子创立的儒学与以老子为代表的道学在身体哲学上是有较大分野的，儒学强调身体的意义在于以仁为核心的修行体系，以“仁、义、礼、智、信”为主体内容；而老子则强调“无为之身”，“含德之厚，比于赤子”[①]。但是无论如何分野甚至对立，老子与孔子的身体哲学思想中已经包含了丰富的实体与虚体的辩证元素，比如老子虽认为最“厚德”之人是“赤子”（赤裸裸婴儿状态的身体），任何名、利都会使人堕入在世状态，在其中人的身体受到挑战和摧残。但实质上，老子的这些观点恰恰是以他的身体本位论为基础的，是一种“身”与“德”结合起来的思想。他主张的是“德”与“身”的本体属性。[②]

若从宗教视角看，在《圣经》中，“身体”是一个完整的人的代表，所以有时也称之为“自己”，这奠定了基督教把身体定义为一个完整的、永活的身体的概念，而不是一个没有躯壳的鬼魂。

---

① 〔春秋〕老子：《道德经》，李若水译评，中国华侨出版社2014年版，第205页。

② 参见葛红兵、宋耕《身体政治》，上海三联书店2005年版，第1～3页。

身体包含着两大元素，也就是肉体和心灵，二者统一于身体。奥地利心理学家阿尔弗雷德·阿德勒认为二者呈现交互作用地存在，“肉体和心灵二者都是生活的表现，它们都是整体生活的一部分”[①]。所以，身体在本质意义上来说应是摆脱纯肉体的局限，在物质的、生理的基础上展现出人的社会性。茶与生命的结合就是与身体的结合，如同演员在舞台上表演时他的身体就是物质和精神的载体和结合体。一个为舞台而生的好的舞者，他的身体在舞台上就成了具备无限可能的有机体，表达和讲述着他想要传达的故事、情感和精神。此时他的身体的各个部分或器官就成为工具或手段。当我们与茶发生关系时，也便进入了这一模式：我们绝不是简单地因为生理性的口渴需求而喝茶，它本质上是一种和身体相结合的社会过程和重要事件。

在中国语境下看待这种社会性与事件性会有真切而丰富的语用学内容，譬如我们经常说到身体的状态，而这些又是最频繁地出现于我们的口头表达或文字使用之中的。中国传统文化中，“和”“福”“仁”“礼”等是重要的人际礼仪和规范，而身体是对其进行传达的重要媒介，这也决定了以身体话语表达的内容的丰富性。譬如以身体为主题的吉祥语就有很多：

---

① ［奥］阿尔弗雷德·阿德勒：《自卑与超越》，曹晚红译，中国友谊出版公司2017年版，第24页。

爽健：指身体处于良好状态，爽朗、硬朗、健康。

无恙（安然无恙）：指身体正常，无病、未受伤害。

福体增绥：指身体安好。通常作“顺时纳祉，福体增绥”。

佳祉绥和：指身体健康。《说文》：“祉，福也。”亦作“崇祉绥和”。

履祉迎祥：指体健如常，出行平安。亦作“潭祉迎祥”、“履祉增绥”。

精爽不衰：指精神爽朗，没有衰老迹象。①

第二节 “贵身”与“贵神”：茶的“身体文化”

梅洛·庞蒂继承并开拓了胡塞尔现象学之传统，他在其《知觉的现象学》一书中试图建构一种不是从意识出发，而是从身体出发的现象学。他强调“我就是我身体”，“我的存在和我的生存是只能通过我的身体的存在”。②

沿着庞蒂的身体空间给我们的启示，身体语境的社会性以及对身体关注的时代变迁性让我们对身体的概念和认识在不断变化，这也是我们理解茶之于身体的意义的重要背景。但无论怎样演变，其中的保护、守卫、享受的内容都没有缺

---

① 王雅军：《吉祥语应用辞典》，上海辞书出版社 2013 年版。

② 转引自［法］高宣扬《存在主义》，上海交通大学出版社 2016 年版，第 282～283 页。

失，甚至得到不断强化。比如当我们选择某种茶叶进行消费时，我们会尽量把自己认为重要的方面或内容询问清楚，对一个普通消费者来说，如下方面的询问一般不会缺少：喝的方法、每次泡茶的量、喝茶的最佳时间、喝这种茶时有何忌讳、这种茶叶的主要功能是什么，等等。虽然我们很少去这样思考和分析自己的选择，但实际上这和我们自己的身体意象性是密切相关的，这在高海拔西藏牧区的牧民们身上表现得尤其突出。当我们准备做出一种购茶选择时，首先激发我们这一想法的是对自我身体的意识，或者说是“身体意象”“身体象”，本质上是在内心对自己的身体状态或身体某一部分状态的意识或心理描绘。若身体常伴有一些病痛，或身体处于自己不愿接受的肥胖状态，或长期面对电脑辐射，或有“三高”困扰，不一而足，那么这种身体的自我意识就会不知不觉地牵引着他走向茶叶或茶叶的替代品①，再去选择更适合自己的符合身体意象状态的茶叶种类。这也就是不断通过自己的实践去追寻一个接近于满意的或使自己内心宁静的身体意象的过程。如果实践或行动与对身体状态的认知发生偏离，那么就会发生“存在性焦虑”。②

在中国茶文化当中，有许多关于茶能解毒养生，甚至让人长命百岁的故事或传说。这种文化背景让茶的实用性更容

---

① 走向茶叶或使用茶叶替代品主要取决于对茶叶保健知识和茶叶功能的认知程度和认可程度。

② 参见崔宁《心脑奥秘》，浙江工商大学出版社 2015 年版，第 75 页。

易被消费者认可，或者更容易在选择或筛选之后接近、接受以茶叶来满足自己身体意象的事实。在民间传说中，有神农尝百草遇毒得茶解毒的说法，这在清代陈元龙编纂的《格致镜源》中也有体现，记曰：“神农尝百草，一日而遇七十毒，得茶以解之。”[①] 传说中，四川蒙顶茶具有返老还童的功效，这出自毛文锡《茶谱》，文曰：

> 蜀之雅州有蒙山，山有五顶，顶有茶园，其中顶曰上清峰。昔有僧病冷且久。尝遇一老父，谓曰：“蒙之中顶茶，尝以春分之先后，多构人力，俟雷之发声，并手采摘，三日而止。若获一两，以本处水煎服，即能祛宿疾；二两，当眼前无疾；三两，固以换骨；四两，即为地仙矣。”是僧因之中顶筑室以候，及期获一两余，服未竟而病瘥。时到城市，人见其容貌，常若年三十余，眉发绿色，其后入青城访道，不知所终。[②]

茶的养生文化自茶被人们发现和利用时就已经出现。三国时期《广雅》中有曰：“荆巴间采茶作饼成米膏出之。若饮，先炙令赤，……其饮醒酒。”有研究者主张此方具有配伍、服法与功效，当属于药茶方剂。到了唐代，茶养生医疾

---

① 转引自赵国栋、于转利《关于神农与茶关系的再审视》，载《海峡茶道》2011 年第 10 期。

② 转引自朱自振、沈冬梅《中国古代茶书集成》，上海文化出版社 2010 年版，第 82 页。

的经验被进一步挖掘和总结。唐代王焘的《外台秘要》是一部由文献辑录而成的综合性医书，其中载有养生茶的制作和服用方法。至宋朝之时，已经有了较多的“茶药”之方。宋朝王怀隐等编的《太平圣惠方》卷九七中专设有“药茶诸方”一节，列有药茶方八首，譬如“葱豉茶方”“薄荷茶方”“硫黄茶方”等。宋太医局所编《太平惠民和剂局方》中亦有药茶诸方，其中“川芎茶调散”一方被认为是较早出现的成品药茶。元朝忽思慧在《饮膳正要》中较为集中地记载了各地多种药茶的制作、功效和主治等内容。明清时期，茶疗、茶养生之风盛行，人们对茶与身体的思考与接受程度进一步提升，这就使得“药茶”或茶疗诸方得到了更为广泛的传播，在这样的茶与身体关系的认知背景下，药茶在内容、应用和制作等方面都得到了极大的发展，体现在其种类不断增加、使用数量大幅度攀升以及应用范围进一步扩大等方面，从医学范畴上讲已经遍及内科、外科、儿科、妇科、五官科、皮肤科、骨伤科和养生保健等方面。常用的种类包括午时茶、天中茶、八仙茶、枸杞茶、五虎茶、慈禧珍珠茶、姜茶、莲花峰茶等。

传统社会之中尚且如此，回到我们的现代生活中，随着生产力水平和生活质量的大幅度提升，这一现象更为真切和普遍。现代生活并没有随着时间的流逝而抹去茶的影子，反而进一步强化了它的实体性与身体文化色彩，这在中国的“贵身”文化中表现得尤其明显。“贵身”既是一种肉体与精神的结合，也是中国传统文化延续下来的一种持续的过程和内容，与西方身体文明相比，它有着自身的特色，茶与身体的关系可视为其中重要的组成。

若进一步探究，我们还要回到“自”与“身”的哲学立场上。从认识思维角度，“自”与“自身”的对应是较晚的事，而“身”指代“自我”则更容易被接受，因为有肉身作为支撑，是一种直观化的开端，比如对一个刚学会说话的2岁儿童而言，他会说“想吃东西”或“饥”（河南洛阳方言）或“饿”，想睡觉时也会说“想睡觉”，但很少或不会说成“我自己想吃东西”或“自己饥”或“自己饿了”，想睡觉时也很少或不会说成“我自己想睡觉”，原因就在于“自”这个字或“自己”这个词在人类思维中的形成是一个质的飞跃的过程，即意味着人类把自我作为主体从对象世界抽离出来，把自我看作超越对象的主体。当考察老子、孔子时代时，虽然“自”这个字已经存在，但上升到哲学高度的“自”的概念还没有形成，没有意识到“自”的存在，作为代用词或实体，他们还只是用“身”来指代自我的实体。[①] 这种以“身”代“身体”，再发展出“自身”的抽离性，体现了中国人“贵身”与“贵神”（即贵精神）的过程性与有机性。而二者的结合正是茶与身体关系的本质之所在。

实际上，无论茶的品种和形式如何，它本身都有适宜于

---

① 参见葛红兵、宋耕《身体政治》，上海三联书店2005年版，第4～5页。

四季的本领和特色。以此而成的茶疗或药茶也不受时节限制，无论是单方还是复方，功效之广、效用之可贵均得到了广泛认可。且由于其选料简便，制作方便，可泡、可煎，亦可服、可搽、可贴、可涂，茶与身体建立起的关系应该是中国智慧中“大道至简”的最佳体现之一。以简要和有用的形式来“贵身”也成为现代养生和修行的一个热点，实际上，五花八门的锻炼形式和“过午不食”（不吃或少吃晚餐）等观点的广泛流行并被越来越多的人去实践就是有力的表征，甚至直接促进了科技领域的开辟，比如微信的“微信运动”，虽然它记录的是一个人的运动量（步数），但反映了人们对身体的重视和自我的身体意象，甚至形成朋友圈内的比较和关系的构建。在上课时学生问我最多的问题与平时日常生活中那些向我咨询的朋友或同事问我最多的问题达到了统一，即他们关心最多的是“喝什么茶最好”。显然这是个复杂的问题，但说出来以及表现形式却最为简单，而其中的目的性也极为清晰，茶承担着“贵身”与“贵神”的功能，如何用茶既是修身又是修心的问题。

在修身上，中国茶的表现和影响是十分广泛而深刻的。这一现象在中国古典文献中随处可见。在《红梦楼》中，“四大家族”在日常生活中把喝茶、论茶、用茶作为对身体评价的一项重要指标，比如“以茶漱口”有着较多的运用，第2回、第28回、第31回、第56回等中均有使用，主要体现了对口腔的呵护，有杀菌、去异味的功效，甚至第31回中袭人吐血也是用茶水漱口。宝玉体弱，所以在炎炎夏日中不能直接饮用凉水，而是饮用一种非常新颖的茶水。第64回中写道："因宝玉素昔禀赋柔脆，虽暑月不敢用冰，只以新汲井水将茶连壶浸在盆内，不时更换，取其凉意而已。"这种"新湃茶"的出现就是因为宝玉身体"禀赋柔脆"，体现了对身体关照的深刻性。在修心上同样如此，故事情节中亦多有体现，比如茶叶作为赏赐或交往的重要媒介，以及"以茶示礼"等。书中亦有"以茶祭奠"的描述，比如第13回、第14回、第53回、第58回、第62回中均有存在，一定程度上反映了茶在人们精神生活中的特殊寓意。[①]

再观《西游记》，其中关于以茶修身与修心的结合以一种更为深刻的方式体现出来。无论是在童年，还是成年后或者年老时观看《西游记》，我们从没有把孙悟空或者猪八戒当作动物，而是活生生的人。这体现着我们特定的身体观。虽然我们知道"他们"本身是猴子或猪，但我们并没有因此就把"他们"当作这样的动物，而是转化成了人。在英译本中，译者没办法把我们的这种内涵转化出来，而只能以monkey和pig来表示这两个不同的"人物"，如果不了解这样的内涵，那么从英文中只能得到两只动物的概念。也就是当我们不考虑作者的写作手法和修辞方法等因素时，《西游记》中的神、佛、妖、魔、怪都存在着一个身体与精神的统一关系。茶在作品

---

① 参见赵国栋《〈红楼梦〉中茶的社会学》，载《中国茶叶》2012年第2期。

中的地位与角色恰恰生动地体现了这种关系。无论人、神、妖，他们都要用茶，没有哪个角色不识茶，其中的“香茶”（第16回）、“素茶”（第62回）、“清茶”（第84回）、“香汤”（第64回）均体现了一种基本的身体姿态，进而通过看茶、奉茶、传茶、拿茶、献茶、吃茶、待茶、会茶、饮茶等把这种身体姿态与内在精神世界结合起来。①

如果从日常生活中的饮茶或者从审美的茶艺角度来看茶与身体的关系，那么不可缺少身体的语言性。喝茶是一种日常生活的语言，传达着我们的肢体细节信息和我们的思想，而茶艺则是从被欣赏被审视的角度来表现身体语言的艺术性。在饮茶与茶艺中，我们看到的是身体的动作或姿态的进行过程，并从中领会其意义。此时，身体的各个部位都具有独特的动作构建方式和意义传达，比如面部表情、眼神、手势、臂势、姿态、腿的移动等。整体上看，面部表情是意义传达的关键，而其中的核心又是眼神，它不仅会体现出身体的状态（比如视物的角度、眼神的热情程度），也能较为准确地体现出人与人之间的信息，比如交际的意愿、对饮茶的意愿等，还能传达出在特定的饮茶或茶艺表演中的情绪和态度，具有重要的信息传播价值。它如同一面信息丰富而传达及时迅速的电子雷达屏幕，表征着、描绘着茶与身体的关系。除了眼神之外，手势和整个身体的姿态亦是格外重要的。以手势而

---

① 参见赵国栋《〈西游记〉中以茶构建的生活世界》，载《中国茶叶》2012年第12期。

言，饮茶时拿杯的频率、速度，举杯的方式，落杯的感觉等均会传达身体及思想的信息。茶艺表演中更是如此，譬如对手姿的规范性、各个环节动作的流畅性都有严格的要求，此时，茶艺表演者的手已经被赋予丰富的社会和文化内涵。若从茶艺内容的角度看，茶艺的技术（包括表演的程序、动作要领、讲解内容以及茶叶和茶具的欣赏）、茶艺的规范、茶艺的礼仪（包括仪容仪表、互相交流等）、悟道（对生命意义的探寻）① 中均包含了丰富的文化和身体语言。这在日本茶道表演中更是被提升到一个近乎苛刻的程度。

第三节　茶与生活模式

从社会学角度看，“旅游既凝结着社会宏观关系，又展现着社会微观关系；既是一种经济行为，也是一种文化行为”②。而旅游的基本实现在于人的身体的空间流动，所以，进一步从空间角度来说，旅游，尤其是文化旅游本身是一种通过主体展现的身体与精神相结合的空间流动现象。

梅洛·庞蒂在其知觉现象学中强调，身体是神圣的实体，是生命意义呈现的场所，他相信，以身体为中介或基础的知觉和存在才是首要的。庞蒂的这种身体空间学说在现代旅游

---

① 参见李代广《人间有味是清欢（饮食卷）》，北京工业大学出版社 2013 年版，第 61 页。

② 陈国生、刘军林：《旅游社会学》，中国旅游出版社 2015 年版，第 2 页。

休闲中具有一定的启发意义。可以说，旅游休闲式的生活方式是现代人的重要社会性身体特征，即随着交通、通信技术的进步，在满足了基本物质生活需求的前提下，不断追求美好生活、休闲生活，从而在空间的流动中构建一种身体的满足与保养模式。

2016 年，福建省有茶园面积超过 25 万公顷，其中 6680 公顷以上的产茶县（市、区）有 12 个，年总产量 42.68 万吨，年产量在 8000 吨以上的县（市、区）超过 17 个，是中国第一产茶大省。除了规模大之外，福建素有“茶树良种王国”之称。福建亦有众多的茶文化机构，比如位于漳州的天福茶文化博物馆为 4A 级景区，漳州科技学院、武夷学院等高校以茶学教育为主；也有丰富多彩的茶艺表演等茶文化活动。凭借区位优势，福建与台湾之间茶事活动丰富，人员往来频繁，比如福建省茶叶学会组织茶企业赴台湾参加茶博会活动，举办海峡两岸客家擂茶文化交流会，等等。

茶文化和茶产业在福建也是当地人重要的谋生手段和生活方式。近年来，福建省茶叶产量逐年递增（见表 11－1），茶产业从业人员，尤其是茶农从中受益颇丰。比如安溪县 26 万户农户中，就有约 20 万户种茶，100 万农民中有约 80 万人从茶产业中受益。2014 年，当地农民人均纯收入为 13409 元，其中茶业收入高达 7500 元，占比 56%。该县也因茶成为全国百强县。当年，福建全省从事茶业产业者超过400多万。①

表11－1　福建省茶产业与旅游活动数据（2010—2016）②

年份/年	茶叶产值/百万元	入境旅游人次/千	国际旅游外汇收入/万美元	国内旅游人次/万	茶园面积/公顷	茶叶产量/百吨
2010	9958.13	3681.353	297824	11957	201200	2726
2011	13647.08	4274.232	363444	14230	211340	2960
2012	16166.05	4936.738	422567	16660	221460	3210
2013	18401.55	5121.304	457338	19542	232290	3470
2014	20834.75	5449.833	491179	22888	242930	3721
2015	20424.61	5914.501	556140	26129	250120	4023
2016	21983.65	6807.912	662569	30864	251320	4268

那么，福建省茶产业与当地的旅游之间存在着怎样的关系呢？也就是茶叶创造的经济价值与因旅游休闲活动引发的人口流动（以短期流动为主）之间的关系是怎样的呢？通过表11－1可以直观地发现，在2010—2016年的时间序列上，茶叶产值与入境旅游人次、国际旅游外汇收入、国内旅游人次之间是呈同向变动的。比如只选取“茶叶产值”和“入境旅游人次”进行简单的雷达图分析，可以发现这一趋势整体

① 参见江用文、程启坤《中国茶业年鉴（2013—2016）》，中国农业出版社2016年版，第165页。

② 数据来源：各年度《福建统计年鉴》。

上是较为明显的（见图 11 －1）。这种直观现象至少可以肯定茶叶种植及涉茶产业的发展不会削弱社会流动（此处表现为“旅游人次”），也不会削弱当地经济社会发展的力度。

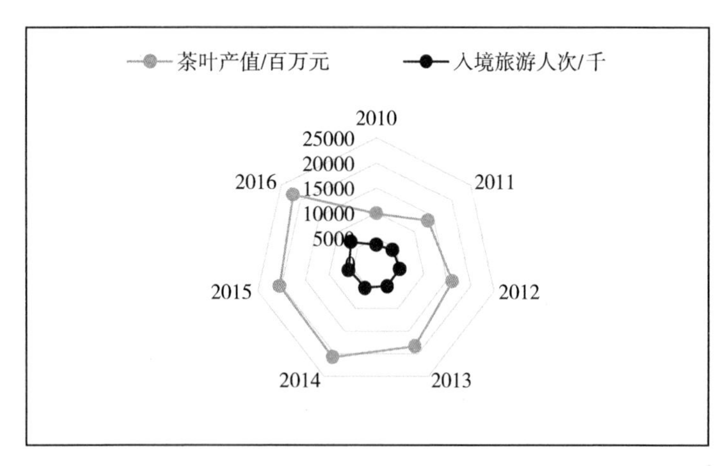

图 11 －1　茶叶产值与入境旅游人次雷达图

可以发现，在社会视角下，茶叶已经超越了简单的饮料范畴，融入社会生活之中。一方面，人们在关注身体的文化背景下不断发现和追求着茶给予的空间和养分，形成了与茶相关的特有的“贵神”和“贵神文化与行动”；另一方面，在现代社会中，“贵身”与“贵神”体现于休闲旅游之中，国际旅游的不断发展更体现了这一趋势。对茶农和茶产业中其他的从业者而言，茶产业本身就是一种生活模式，而茶产业的发展又与旅游活动有着密切的关系，这就进一步拓展了人们通过茶来审视实践的视角。

应该明确，对茶与人的身体关系的关注并不是始自近期，而是在茶文化逐步形成中相伴而生的一种现象，比如中国关于神农尝百草的故事深刻体现了在远古时代人们对茶与身体关系的一种追寻。一些少数民族的茶文化对此的体现更为真切，比如西藏的酥油茶是预防和应对高原反应和高寒气候的一剂良方。在西藏的高原牧区，牧民们不但自己每天要饮上几碗到十几碗酥油茶，有客人到的话，那也是一定要让客人喝上好的酥油茶，他们的观点是：喝了酥油茶嘴唇就不会干裂了，也会有体力了。茶与身体的关系显得自然而恰当，酥油茶也在肉体与精神之中得到了特有的文化加持。唐宋时期，一些文人墨客的休闲活动已经与茶产生了密切的关系，甚至帝王将相也是如此；宋朝及以后，茶叶进一步融入社会的各个群体，演绎着丰富而独特的茶与身体的对话。

在人们日益追求生活质量，追求美好生活的时代背景下，茶与身体的关系进一步得到了强化，茶对现代人的身心与生活都产生着重要的影响。因此，进一步重视对茶与身体关系的研究，进一步发掘“茶的身体文化”，进一步推进中国茶产业发展具有积极的意义，是满足新时代要求和人民群众对美好生活的追求的重要方式。

（本部分原刊于《茶博览》2019年第7期，原题名为《修身与修心：茶的身体哲学》。）

文献编

第十二章　金代茶政

《金史》[①] 撰成于元代，全书135卷，其中本纪19卷、志39卷、表4卷、列传73卷，是反映女真族所建金朝的兴衰始末的重要史籍。《金史》由脱脱等主持编修，编修工作前后持续了不到一年时间，是元修三史（宋、辽、金）之中质量最高的。该书记载了完颜阿骨打称帝至金哀宗天兴三年（1234）被蒙古灭，共120年的历史。

金建立于1115年，灭亡于1234年，是中国东北地区的女真族建立的一个重要政权，创建人为金太祖完颜旻，建都会宁府（今黑龙江省哈尔滨市阿城区）。1125年灭辽，次年灭北宋。后迁都中都（今北京），再迁都至汴京（今河南开封）。金国是当时中国华北地区的一个强大政权，其全盛时期的统

① 〔元〕脱脱等：《金史（简体字本二十六史·卷44—卷86）》，张彦博、崔文辉标点，吉林人民出版社1995年版。

治范围东北到日本海、黑龙江流域一带，西北到河套地区，西至西夏，南以秦岭到淮河一线与南宋交界。

金国建立后，农业生产有所发展，尤其是从原北宋领域内学习了种植技术，如松花江畔的肇州、冷山一带不仅种植五谷和蔬菜，还从其他地区移植回鹘豆、西瓜、红芍药、桃树、李树等。同时，由于当时女真族的文化还很落后，对宋地存在与流行的诸多社会文化没有吸收利用，致使部分社会文化夭折。

在这样的大背景下，金朝统治时期对茶文化与茶产业的发展没有起到太大的推动作用。统治阶层对发展茶产业持怀疑，甚至否定态度。这与南宋时期茶产业与茶文化的大流行、大发展形成了鲜明的对比。本部分以《金史·志》第三十“食货四”中对茶的记录为基础进行分析，考察金代统治下茶产业与茶文化的发展状况。

《金史·志》第三十“食货四”中涉及茶的内容主要包括：

> （茶）自宋人岁供之外，皆贸易于宋界之榷场。世宗大定十六年，以多私贩，乃更定香茶罪赏格。章宗承安三年八月，以谓费国用而资敌，遂命设官制之。以尚书省令史承德郎刘成往河南视官造者，以不亲尝其味，但采民言谓为温桑，实非茶也，还即白上。上以为不干，杖七十，罢之。

四年三月，于淄、密、宁海、蔡州各置一坊，造新茶，依南方例每斤为袋，直六百文。以商旅卒未贩运，命山东、河北四路转运司以各路户口均其袋数，付各司县鬻之。买引者，纳钱及折物，各从其便。

五月，以山东人户造卖私茶，侵侔榷货，遂定比煎私矾例，罪徒二年。

泰和四年，上谓宰臣曰："朕赏（即尝）新茶，味虽不嘉，亦岂不可食也。比令近侍察之，乃知山东、河北四路悉椿配于人，既曰强民，宜抵以罪。此举未知运司与县官孰为之，所属按察司亦当坐罪也。其阅实以闻。自今其令每袋价减三百文，至来年四月不售，虽腐败无伤也。"

五年春，罢造茶之坊。三月，上谕省臣曰："今虽不造茶，其勿伐其树，其地则恣民耕樵。"六年，河南茶树槁者，命补植之。十一月，尚书省奏："茶，饮食之余，非必用之物。比岁上下竞啜，农民尤甚，市井茶肆相属。商旅多以丝绢易茶，岁费不下百万，是以有用之物而易无用之物也。若不禁，恐耗财弥甚。"遂命七品以上官，其家方许食茶，仍不得卖及馈献。不应留者，以斤两立罪赏。七年，更定食茶制。

八年七月，言事者以茶乃宋土草芽，而易中国丝绵锦绢有益之物，不可也。国家之盐货出于卤水，岁取不竭，可令易茶。省臣以谓所易不广，遂奏令兼以杂物博易。

宣宗元光二年三月，省臣以国蹙财竭，奏曰：“金币钱谷，世不可一日阙者也。茶本出于宋地，非饮食之急，而自昔商贾以金帛易之，是徒耗也。泰和间，尝禁止之，后以宋人求和，乃罢。兵兴以来，复举行之，然犯者不少衰，而边民又窥利，越境私易，恐因泄军情，或盗贼入境。今河南、陕西凡五十余郡，郡日食茶率二十袋，袋直银二两，是一岁之中妄费民银三十余万也。奈何以吾有用之货而资敌乎?”乃制亲王、公主及见任五品以上官，素蓄者存之，禁不得卖、馈，余人并禁之。犯者徒五年，告者赏宝泉一万贯。①

宋金对峙的时候，双方曾在边界处开设贸易区。茶则在宋朝于边界处开设的“茶榷场”内进行。金世宗，即完颜雍，谥号仁孝皇帝，大定是其年号，自1161年至1189年，共存在了29年。大定十六年（1176），当时出现了较严重的私茶买卖，所以政府改定了赏罚标准，以控制这一现象。到章宗时（即完颜璟，谥号英孝皇帝，1189—1208），开始出现推进造茶运动。承安三年（1198）八月，设置专门官员主持茶叶制造管理。当时尚书省令史承德郎刘成去视察河南造茶情况时，没有亲自品尝茶的味道，而是听百姓说并非茶叶，而是“温

① 《金史·志》第三十“食货四”，第645～647页。

桑”，据此，他向章宗如实禀报。结果，刘成被杖责七十，并因此丢了官职，表明当时金朝政府对茶叶生产与管理已经非常重视。

承安四年（1199）三月，又在淄博、密州、宁海、蔡州开设“造茶坊”，用来推进茶叶生产。每袋茶为一斤①，价值600文钱，这种做法是通用的，但与4年后2两银子的价格相差很多。当时因为不允许平民百姓私自贩运，所以由山东、河北四路转运司根据各路人口情况来分配茶叶，然后再分配至各县级政府，由政府公开出售。方法是欲购茶者先用钱或以物折钱买入茶引，再凭茶引购茶。这种做法与宋朝的方法一致。表明当时茶叶流通与茶业管理方面宋与金已经有了诸多交流。

同时，这一记述也说明当时茶生产与茶供应、销售是由金政府统一管理的，民间商业性的茶贸易流通受到严格控制。

同年五月，即在章宗颁布“统生产、统供应、统销售”政策后两个月，山东出现了私自制造、贩卖茶叶的案例，以侵害专卖物品入罪，比照当时“煎私矾”的判罪方法，对私自造卖茶的人判入狱二年。佐证了当时对茶叶管理之严格。

泰和四年（1204），章宗发现山东、河北等实行茶叶“统生产、统供应、统销售”的四路并未真正按袋进行分配，而是以“椿”冒充茶叶。椿是一种落叶乔木，嫩枝叶可食，即

---

① 1斤=500克。

我们平时所说的香椿。章宗的观点是，虽然造的茶味道不太好，却是完全可以食用的，既然在四路制定了“茶配给”的政策，就应该执行“以茶强民”的方针，所以以其他物来冒充茶的现象应当治罪，其观点是，无论是运司还是县官所为，都应治罪，即使按察司也脱不了干系。按察司是中央政府对地方官员进行监督检查的官职，行使监察权。由此可见，章宗对此事是非常不满的。

从上面的记载来看，当时章宗很重视茶叶在国家中的作用，也用了严厉的法治措施来管理茶叶的生产与流通，这大大促进了金国领土内饮茶之风的流行。但不可否认的是，在饮茶之风形成与盛行的同时，一些问题不容忽视。从其政策制定的承安四年（1199）至出现大量假茶的泰和四年（1204）的5年时间里，其执行力也存在一定问题。

泰和五年（1205）春，由于假茶已经无法得到有效控制，朝廷废除了“造茶坊”。“造茶坊”从1199年设立到1205年“寿终正寝”共存在了6年时间。但明确要求，“造茶坊”内所植茶树不得砍伐，其内的土地可由农民耕种。一个典型的例子是：“造茶坊”停办的第二年，即泰和六年（1206），河南原“造茶坊”内的茶树出现干枯死亡现象，章宗随即命令补植茶树。同年11月，尚书省提交了一份奏折，其主要内容为：茶并非必用之物，也是饮食的次要之物，而近几年上下兴起饮茶之风，农民中更是盛行饮茶，市井茶肆也很多；商人们也用丝绢之类的物品易茶，每年交易额不下百万，那么就成了以有用的物品换取无用的茶叶。如果不禁止这种现象，就会产生巨大的浪费。听了这一番上奏，章宗下令：七品以上的官员家庭才可以喝茶，但不可以买卖，也不可以馈赠别人。有茶者不承诺自用的，以茶的重量立罪。泰和七年（1207），由此改定“食茶制”。

这展现了当时章宗推行的“造茶坊”制产生的重要影响，以致社会中饮茶成风。饮茶量的大增，促进了金宋茶贸易的发展，金国商人主要以丝绢换取宋朝的茶叶。所以当尚书省提交奏折时，章宗才设定了饮茶的严格限制。这对饮茶之风的延续起到了一定的阻碍作用。但限制民间饮茶的执行程度并不理想。

同时，章宗还颁布了其他方面的措施。泰和八年，即1208年7月，上书者奏请章宗，认为茶只是宋朝的“土草芽”，所以用丝绵锦绢来换不值。由于制盐业较发达，从海水中取盐也容易，所以可以用盐来换取茶叶。省臣上奏用来换茶叶的物品过于单一，所以奏令以各类杂物交易获得茶叶。

这一措施又加大了与宋朝的茶贸易往来，但自此后5年之内，主要的交易物仍然是丝绵锦绢之物。对此，宣宗时省臣的上书中有所体现，下文将会论及。二者构成了一种矛盾现象，限制普通百姓饮茶，限制民间茶叶流通，但加大与宋朝的茶叶贸易。

这一矛盾现象一直维持，经卫绍王完颜永济，到宣宗元光年间，又有省臣对这一情况上了奏。元光二年，即1223年3月，省臣以国家困难、财力枯竭上奏说：金钱与粮食一日不可缺，但茶本产自于宋朝之地，也不是饮食中最重要的，但一直以来商人们以金银锦绢易茶，成为一种白白的消耗。泰和八年（1208）曾明令禁止这一现象，但宋朝方面的求和导致政策终止。双方兵事再起后，又禁止以金银锦绢易宋朝之茶，但屡禁不绝，而且百姓为了私利越境私自交易，这可能导致泄露军情，或盗贼入境。陕西、河南共50个郡，每个郡每日茶消费量大约为20袋，每袋价值白银2两，那么一年中就消耗掉白银30余万两。这何异于用我们有用之物资助敌人呢？宣宗听了这番上奏后，命亲王、公主及五品以上官员储存有茶的不得出售也不得赠予他人，其他人同样如此禁止。若有人触犯，将治罪入狱5年，而告发者将给予重奖（赏宝泉一万贯）。

文中有一处需要注意，即关于陕西、河南50个郡消费茶耗银的计算问题。在该书本部分注12中有对这句话的注解："袋直银二两是一岁之中妄费民银三十余万也。按上文'五十余郡，郡日食茶二十袋'，是每日千袋，袋直银二两则一岁妄费七十余万，如袋直银一两则一岁妄费三十余万，二字或三字必有一误。"即如果按每袋2两银算的话，那么50个郡一年的耗银量为：$2 \times 20 \times 50 \times 365 = 730000$ 两；而如果按每袋1两计算的话，则总耗银量为：$1 \times 20 \times 50 \times 365 = 365000$ 两。所以文中如果袋值2两是正确的，那么年消耗就应为70余万两，而不是30余万两；如果是每袋值1两，那么年消耗则为30余万两。由此推测，每袋的价格和年消耗总额之中必有一个是错误。这也是注释中所提出的观点。

这段文字记载了宣宗时陕西、河南饮茶的兴盛，暗示了从皇室到官员大臣再到平民百姓都广泛用茶，导致与宋朝的私茶贸易不能禁绝，也消耗了大量的金钱。在章宗禁茶买卖后，禁令并未能够真正取得实效，反而出现了民间较持续的饮茶之风盛行。宣宗听了这番上奏后，加大了对私自进行茶叶流通的惩治力度，由7年前的以茶的重量定罪转变为直接入狱5年，同时也重奖举报者。

从《金史·志》第三十“食货四”中关于茶的这些记述可以推断出金朝时茶叶贸易、流通、管理等方面的一些特征，归纳如下：首先，女真族很快接受了宋朝的饮茶风俗，尤其金入侵河北、陕西、河南等地后，当地的饮茶风气直接影响了女真族人对茶的态度；其次，金朝曾开展了“统生产、统供应、统销售”的模式，但“造茶坊”运行6年后停办，茶叶供应与销售也在泰和五年（1205）后受到了极大限制，政策的这一变化对饮茶与茶叶流通起到一定的阻碍作用；再次，金朝政府对茶树比较注重保护，因此在政策几次变动的情况下没有伤及茶树的种植；最后，金朝的一些限制政策虽起到一定的消极作用，但未真正阻止金与宋民间的茶叶贸易往来，这成为金地内茶叶饮用与产业发展最重要的推动力量。

（本部分原刊于《中国茶叶》2012年第6期，原题名为《〈金史〉中茶叶史料简析》。有改动。）

第十三章　元朝茶形

《元史》[①]成书于明朝初年，是系统记载元朝兴亡过程的一部纪传体断代史，由宋濂（1310—1381）和王濂（1321—1373）主编。全书210卷，包括本纪47卷、志58卷、表8卷、列传97卷，记述了从蒙古族兴起到元朝建立和灭亡的历史，是最早的全面、系统记述元代历史的著作，是我们了解、研究元代历史极为珍贵的文献。

第一节　机构与官员

《元史》中有许多关于茶机构及相关官员的记载。第六卷《本纪》第六“世祖三”中有：“复遣都统领脱朵儿、统领王

① 〔明〕宋濂等：《元史》，中华书局1976年版。

国昌等往高丽点阅所备兵船，及相视耽罗等处道路。立西蜀四川监榷茶场使司。”这是元世祖忽必烈至元六年，即1269年7月时采取的系列政策之一。元朝设立了“西蜀四川监榷茶场使司”，设官职进行管理。这是在至元五年（1268）“榷成都茶”之后紧接着实行的政策。高树林认为，该机构是对茶户与榷茶事业进行管理的机构，说明四川的茶户与其生产事业均归官府统一掌管。榷茶场使司的功用并未充分显现，后榷茶转运司及榷茶提举司功能强化，成为元朝茶产业的主要职权及管理机构。随着盐、茶课税重要性的提升及二者存在的相似性，“西蜀四川监榷茶场使司”后来转变为“四川茶盐转运司”。① 接下来又有记载：“宋将夏贵率兵船三千至鹿门山，万户解汝楫、李庭率舟师败之，俘杀二千余人，获战舰五十艘。”表明在治理国家与国家防卫中，加强对茶产业的管理是其中重要的组成部分。

元朝灭宋后，继而对南方开展整治，废除了个别原有机构，“茶运司”就在其中。第十卷《本纪》第十“世祖七”中有：“罢茶运司及营田司，以其事隶本道宣慰司。”这是至元十五年，即1278年6月，对江南进行的改革内容之一：把江南四省中的隆兴并入福建，并把茶运司及营田司的管辖内容归属宣慰司，茶运司被罢，职责转移至宣慰司。

至元十六年，即1279年4月，又在江西设立“榷茶运

---

① 参见高树林《元朝茶户酒醋户研究》，载《河北学刊》1996年第1期。

司”：“夏四月己卯，立江西榷茶运司及诸路转运盐使司、宜课提举司。”第一百三十九卷《列传》第九十二“奸臣”中也提及此事。据《中国茶叶大辞典》词条释义，此处的“榷茶运司”即为“榷茶都转运使司”。

《元史》第十三卷《本纪》第十三“世祖十”中有：“前右丞相安童复为右丞相，前江西榷茶运使卢世荣为右丞，前御史中丞史枢为左丞。”这是至元二十一年，即1284年11月人事上的调整，任命前任江西榷茶运使为右丞。前文已论及，江西榷茶运司为至元十六年，即1279年4月设立，至此时成立已有5年半时间。中统元年（1260），元世祖遵用汉法，立中书省总领全国政务，始置丞相及平章政事、左丞、右丞、参知政事等宰执官。“每省丞相一员，从一品；平章二员，从一品；右丞一员，左丞一员，正二品。”江西榷茶运使从一个地方茶业主管官员升至右丞位置，官至二品，其升迁的幅度之大表明了当时主管茶业的官员地位在一步步上升。当然，后世对卢世荣其人多有争议，后文将有论及。

元朝茶官员职位的变动并非只有升迁，也有罢免现象。第二十一卷《本纪》第二十一“成宗四”中有：“升分宁县为宁州。罢庐州路榷茶提举司。”第二十四卷《本纪》第二十四“仁宗一”中有：“丙寅，敕省部官，勿托以宿卫废职。罢西番茶提举司。”这种罢官现象也从侧面表现了茶产业在政治、经济中的重要地位。

第十四卷《本纪》第十四“世祖十一”中有：“封陈益稷

为安南王，陈秀嵈为辅义公，仍下诏谕安南吏民。复立岳、鄂、常德、潭州、静江榷茶提举司。”这是至元二十三年，即1286年2月，元世祖听取了集贤直学士程文海所奏“省院诸司皆以南人参用，惟御史台按察司无人。江南风俗，南人所谙，宜参用之”之后，所采取的措施。“世祖十一”下文又有：“以榷茶提举李起南为江南榷茶转运使”，接着又有：“起南尝言：‘江南茶每引价三贯六百文，今宜增每引五贯。’”

宋初，设转运使作为征讨大军的粮饷官，也是地方及新征服地区的财物运往朝廷的督运官，其后演变为路级财政长官（“路”设于中央政府与府州之间）。机构称为转运使司，正副长官称为转运使、副使、判官，寄禄官称高的称为都转运使。宋代实行朝廷、府州、县三级政制，主要机构有安抚使司（帅司）、转运使司（漕司）、提点刑狱司（宪司）和提举常平司（仓司），合称“帅、漕、宪、仓”。其中，除帅司为军事机构，漕、宪、仓三司都有行政监察职责，统称为“监司”。

元朝沿用该制，又设“榷茶转运使司”以及“榷茶提举司”，二者平级，“秩从五品”。唐朝时与茶相关的“使”职均作为差遣使职的一种，并没有真正的“品秩”。主要有“榷茶使”和“造茶使”两类。① 官职的地位变化反映了茶产业的发展与重要性的提升。宋太祖时期，为了防止财政被地方政

---

① 参见袁刚《中国古代政府机构设置沿革》，黑龙江人民出版社2003年版，第419页。

府截留，于乾德年间设转运使一职。转运使最重要的职能就是保障财税的收取与上缴，同时参与管理地方民政事务。元朝沿用了这一机构与职能。因此这两个部门中，前者更加注重对商品流转及在商品流转过程中发生的财税方面的管理，后者则注重监察工作。李起南从榷茶提举转任榷茶转运使，说明政府注重对茶流通、贸易及税收的管理工作。后一句话也点明了政府意图，即李起南认为，提高茶引价格以增加税收收入。

第十五卷《本纪》第十五"世祖十二"中有："改江西茶运司为都转运使司，并榷酒醋税。改河渠提举司为转运司。"这是至元二十五年，即1288年2月把"茶运司"（即榷茶运司）改为"都转运使司"。前文已介绍，江西榷茶运司成立于至元十六年，即1279年4月，存在了不到9年时间。"都转运使司"指的是该官称所对应拿到的俸禄较高。在宋朝初，官称（对官职的称呼）与实际职务脱离，官称仅用以定其品级俸禄，称为"寄禄官称"。在转运使这一实际职务相同的情况下，寄禄官称高的为"都转运使"。因此，不能简单地把"都转运使司"等同于"转运使司"。从中也可以发现，随着名称的改变，"都转运司"的业务范围更大了，把榷酒、醋税功能也归入其职权范围之中。

"世祖十二"中又有："甲戌，诏两淮、两浙都转运使司及江西榷茶都转运司诸人，毋得沮办课。"这是至元二十六年，即1289年8月之事。"江西榷茶都转运司"为至元二十五年，即1288年2月的“都转运使司”。由这里的表述可见，把两淮、两浙的都转运使司与江西榷茶都转运司相提并论，共同诏见，突出了“江西榷茶”，表明了江西榷茶都转运司地位的重要，也表明江西茶业当时所具有的地位与影响，是对元朝江西茶业的一种极大肯定。

第十六卷《本纪》第十六“世祖十三”中有：“辛卯，复立南康、兴国榷茶提举司，秩从五品。发虎贲更休士二千人赴上都修城。”这是至元二十七年，即1290年2月之事。可见在江西南康与兴国二地，榷茶提举司从有到无，到1290年再次设立，显示出当时对茶叶流通及税收的监察工作日益重要。至正二年（1342），李宏在奏折中这样形容：“专任散据卖引，规办国课，莫敢谁何。”①

“世祖十三”中又有：“徽州绩溪县贼未平，免二十七年田租。禁宣德府田猎。壬子，酒醋课不兼隶茶盐运司，仍隶各府县。”这是至元二十八年，即1291年9月之事。这里需要说明的是，《元史》中关于茶的各类政府部门，其称呼具有多样性。前文已经分析，至元十六年，即1279年4月，在江西设立“榷茶运司”时，同时设立“诸路转运盐使司”；至元二十五年，即1288年2月，在改江西茶运司为“都转运使司”时，同时也“榷酒醋税”。说明对茶的课税与对盐的课税在1279年4月之后一段时期内是分离的，也不隶属于同一机构，

---

① 《元史·志》第四十五“食货五”。

但从至元二十八年，即1291年9月发生的事可见，在此之前已经存在了对茶、盐一起征税的同一机构“茶盐运司”。酒、醋税在至元二十五年，即1288年2月之后一段时期内是由“都转运使司”与茶一起征收的，至元二十八年，即1291年9月后则与茶税分离，不再一同征收，而由各府县自行征收。“茶盐运司”何时出现，并未做出交代。制度的不稳定，机构变动多造成了政治、经济活动中对茶业管理的混乱。

《元史·志》“百官七”中有：“四川茶盐转运司。成都盐井九十五处，散在诸郡山中。至元二年，置兴元四川转运司，专掌煎熬办课之事。八年罢之。十六年，复立转运司。十八年，并入四道宣慰司。十九年，复立陕西四川转运司，通辖诸课程事。二十二年，置四川茶盐运司，秩从三品，使一员，同知、副使、运判各一员，经历、知事、照磨各一员。”《元史·志》第四十三“食货二”中有：“（至元）十六年，立江西盐铁茶都转运司，所辖盐使司六，各场立管勾。”可见机构变动之快，除了盐与茶在管理方面的关联性外，对铁的管理也被置于其中。

元朝时茶业管理部门的官员是有任期的。《元史》第十九卷《本纪》第十九“成宗二”中有：“癸酉，诏茶盐转运司、印钞提举司、运粮漕运司官，仍旧以三年为代；云南、福建官吏满任者，给驿以归。”这是元贞二年，即1296年7月时的规定，茶盐转运使司等官员以三年为时限，官员任职到期则“给驿以归”，可以推测当时元政府已经重视在茶盐税收、印钞管理、粮食漕运方面官员的使用与管理，防止在关键部门出现重大贪污腐败问题。因此，这一状况也容易使相应部门的官员多变动。

第二十四卷《本纪》第二十四“仁宗一”中有：“甲午，置榷茶批验所并茶由局官。乙未，太白昼见。庚子，立长秋寺，掌武宗皇后宫政，秩三品。”皇庆二年，即1313年7月设立了“榷茶批验所”，是专门管理和检验茶引的机构：负责验证茶引真伪，按引兑给茶叶，检查引茶数量是否相符，等等。茶由局官，同为茶由管理机构，此处“局”字取“部”之意（《后汉书·袁绍传》中的用法）。《元史·志》第四十三“食货二”中有：“延祐元年，改设批验茶由局官”，这是延祐元年（1314）又设立“批验茶由局”，表明对茶由管理的重视程度。茶由是元朝售给茶叶零售者的凭证。明初时，《元史·志》第四十五“食货五”中载，至元二年（1265）的呈文中有：“春首发卖茶由，至于夏秋，茶由尽绝，民间阙用。”茶由当时是茶引的辅助税种，数少课轻，有便民作用。

至元二十一年（1284），“召参议中书省事。时榷茶转运使卢世荣阿附宣政使桑哥，言能用己，则国赋可十倍于旧”①。从榷茶转运使的话中可见其贪婪及对农民的压榨程度之高，也可见官场中的阿谀奉承；表明当时的榷茶制度在执行中有诸多问题，造成对茶农的过度压榨。对此，不忽木的意见是，

① 《元史》第一百三十卷《列传》第十七“不忽木”。

这种阿谀奉承之辈以及过度向农民征收税赋的政策，对国家有百害而无一利，所以他说："操利术以惑时君，始者莫不谓之忠，及其罪稔恶著，国与民俱困，虽悔何及？"但他的意见没有被采纳。茶业管理方面的问题已经凸显。

贾居贞（1218—1280），字仲明，真定获鹿人（今属河北省）。贾居贞为人清廉谦逊，倍受元太宗窝阔台与世祖忽必烈的赏识。《元史》第八十七卷《列传》第四十"贾居贞"中提到了他的仕途过程："钧字元播，幼读书，渊默有容。由榷茶提举拜监察御史，佥淮东廉访司事、行台都事，入为刑部郎中，改右司郎中、参议中书省事。"贾居贞由榷茶提举逐步走向政治高层，由此可推测当时茶业管理者中也有为官清廉者；同时，茶业管理岗位为进一步升迁创造了良好的条件，这也是茶产业重要性的一种反映。

正是茶产业创造的这种岗位条件，造就了一些历史上有争议的人物。卢世荣就是其中之一。卢世荣，名懋，字世荣，以字行。阿合马专政期间，卢世荣以贿赂进用，为江西榷茶运使，后以罪废。阿合马死后，因财政上的原因，卢世荣被总制院使桑哥推荐委以重任。第一百〇四卷《列传》第五十七"申屠致远"中有："江西行省平章马合谋于商税外横加征取，忽辛籍乡民为匠户，转运使卢世荣榷茶牟利，致远并劾之。"这是至元二十年（1283）之事。当时致远对卢世荣的举罪处理并未收到大的成效。

第一百〇二卷《列传》第五十五"陈祐，天祥"有：

“……由白身擢江西榷茶转运使。”这是至元二十二年（1285）天祥上疏中的内容，再次揭露卢世荣由一个无业游民，“趋附权贵”，当上了江西榷茶转运使，而后便肆无忌惮，贪污贿赂，“动以万计”，“今竟不悔前非，狂悖愈甚”。第一百三十九卷《列传》第九十二“奸臣”中对卢世荣做了更为详细的介绍，其最后的结局是被处死。从史料记载中可见对卢世荣的评价并不一致，其有贪污的一面，但也有为国家做出贡献的一面，如解百姓买卖金银之禁，放宽采捕规章，等等。

第二节　茶法和茶税

《元史·志》第四十三“食货二·茶法”中对茶税、茶法做了具体说明。“榷茶始于唐德宗，至宋遂为国赋，额与盐等矣。”说明宋朝时茶税已经成为国赋，其额度更是与盐相当。

元朝时茶法的发展与完备主要集中于元世祖忽必烈时期，尤其是至元年间。至元五年（1268），榷成都茶；至元十三年（1276），榷江西茶，同年定长引短引之法；至元十七年（1280），置榷茶都转运司于江州，总江淮、荆湖、福广之税，而遂除长引，专用短引；至元十九年（1282），以江南茶课官为置局，令客买引，通行货卖。“每引收钞二两四钱五分，草茶每引收钞为二两二钱四分。”由此句可见，当时茶引是按茶类进行区分的，草茶的茶引为二两二钱四分，除草茶外的茶引为二两四钱五分。宋朝时，“草茶”指的是散茶。明朝改贡散茶后，紧压茶类依然长期占据重要地位，并产生着重要影响，这在明朝许多文学作品中都有反映。元朝时，贡茶依然为紧压茶类，所以占据了绝对地位，散茶并不为人们所重视，加之散茶制作程序要比紧压茶简单，反映在茶引的价格方面自然会稍低。

关于茶税征收的数额，《元史》中也有一定的记载，但并不完全："至顺之后，无籍可考。他如范殿帅茶、西番大叶茶、建宁胯茶，亦无从知其始末，故皆不著。"① 至元十三年（1276），实行长引和短引，课税1200余锭。至元十四年（1277），增至2300余锭。至元十五年（1278）为6600余锭。至元十八年（1281）为24000锭。至元二十三年（1286）为40000锭。元贞元年（1295）税额为83000锭。至大四年（1311）税额为171331锭。皇庆二年（1313）税额为192866锭。延祐五年（1318），仅江西税额就为250000锭，延祐七年（1320）时增加至289211锭。数据清晰地反映了茶税收入的巨大增长。一方面，说明了元朝时茶生产逐步恢复，产量增加，茶贸易繁荣（关于此，后文将有论及）；另一方面，也表明元朝统治阶层对劳动人民，尤其是广大茶农群体的奴役与压榨，"元代茶户的真实处境，极为苦楚"②。从茶引的价格而言，至元十三年（1276）实行长引与短引时，长引每引收钞五钱四分二厘八毫，短引每引收钞四钱二分八毫，而至元十

---

① 《元史·志》第四十三"食货二·茶法"。

② 高树林：《元代茶户酒醋户研究》，载《河北学刊》1996年第1期。

七年（1280）时短引每引收钞二两四钱五分，延祐五年（1318）时每引征收额增加至十二两五钱。这种数倍增长的茶税负担严重阻碍了茶业经营者收入的增加，打击了其经营的积极性，他们辛苦的劳作只可以勉强维持自己的生活，却为封建社会统治者以及当时的封建国家创造了大量财富。

元朝茶法、茶税主要沿袭宋朝，“元之茶课，由约而博，大率因宋之旧而为之制焉”①。《元史》第十二卷《本纪》第十二“世祖九”中有：“饶州总管姚文龙言，江南财赋岁可办钞五十万锭，诏以文龙为江西道宣慰使，兼措置茶法。”这是至元十九年，即1282年1月拟办新茶法的记载。江南茶产业的发展，让统治者看到了巨大的利益空间，至元十八年（1281），茶税收入为24000锭，统治阶层并不满足，姚文龙说江南一年的税收可达50万锭，因此，完善茶法、增加茶税收入成为重要的任务之一。前文已介绍，自此之后，茶税迅速增加。至延祐七年（1320）时，仅江西茶税收入就增加至289211锭。

第一百〇一卷《列传》第五十四“张庭珍、庭瑞”中有：“官买蜀茶，增价鬻于羌，人以为患。庭瑞更变引法，使每引纳二缗，而付文券与民，听其自市于羌，羌、蜀便之。”这是忽必烈在取得四川后，由官方收购茶农之茶再高价卖给羌人，但茶农没有增加收入。张庭瑞针对这一现象进行了治理，依

① 《元史·志》第四十三“食货二·茶法”。

宋朝榷茶法重塑茶贸易。一是实行茶引法，每引收二缗费用，使茶贸易正式化。缗是当时的一种计量单位，指一串铜钱，共一千文。所以每引当时的税收为二两。二是保证茶商茶引的有效性，保障茶商与羌人贸易的自主性、自由性。这一治理措施取得了显著成效，促进了当时西南地区茶贸易的继续，为以后元朝茶法的形成与发展奠定了基础。

延祐五年（1318）令江西茶运司征收茶税："癸未，敕江西茶运司岁课以二十五万锭为额。敕大永福寺创殿，安奉顺宗皇帝御容。"[①] 这与《元史·志》第四十三"食货二·茶法"中所载江西所课税额一致，皇帝下令征收多少税，就能征收多少，数额巨大，说明下层百姓所受盘剥何等之深。

四川茶在课税方面对军事的贡献非常大，直接的做法是以茶充作军粮，这又体现出了茶的实用性。"乙卯，诏高丽国王王植来朝上都，修世见之礼。辛酉，以四川茶、盐、商、酒、竹课充军粮。"[②] 这是至元元年（1264）采取的措施。《元史》第六十九卷《列传》第四十八"刘整"中又有："七月，改潼川都元帅，宜课茶盐以饷军。"这是中统三年（1262）之事，刘整为避陷害，主动"分帅潼川"，主张以茶、盐课税支持军事。第一百〇二卷《列传》第五十五中有："为今之计，宜且驻兵近境，使其水路远近得通，或用盐引茶引，或用实钞，多增米价，和市军粮。"表明当时茶引已经作为解

① 《元史》第二十六卷《本纪》第二十六"仁宗三"。
② 《元史》第五卷《本纪》第五"世祖二"。

决军粮问题的手段之一。可见，这一做法具有一定的普遍意义。第七卷《本纪》第七“世祖四”中有：“诏以四川民力困弊，免茶盐等课税，以军民田租给沿边军食。仍敕：‘有司自今有言茶盐之利者，以违制论。’”这是至元八年，即1271年9月因四川民力困弊的原因，下诏免除了其茶、盐课税，如果有人再谋茶、盐之利，将严惩。其中“以军民田租给沿边军食”，则表明了沿边军食原为茶、盐课税支撑的，在出现困难的时候转为田租。从这些资料中可见，从中统三年（1262）至至元八年（1271），四川茶及课税支持军事达10年之久。这些史料进一步佐证了四川茶在元初对军事有着重要意义，占据着重要地位。

除四川外，江西茶业也扮演了重要角色。第十八卷《本纪》第十八“成宗一”中有：“壬午，罢江南茶税，以其数三千锭添入江西榷茶都转运司岁额。”元贞元年，即1295年2月将江南茶税并入江西榷茶都转运司税额中。从13世纪70年代，元朝统治者对江西茶的重视程度不断提高，这从机构设立、官员任命以及课税收入等方面表现出来。把江南茶税并入江西榷茶都转运司税额也表明了江西茶业的发展及重要性。

第二十二卷《本纪》第二十二“武宗一”中有：“丁丑，中书省臣言：‘前为江南大水，以茶、盐课折收米，赈饥民。’”这是大德十一年，即1307年11月中书省奏折中提到在受到洪水灾害时，江南以茶、盐课税顶替粮食赋税，这在粮食歉收时是减轻粮食赋税负担的一种形式。可见茶税也是统治者塑造形象的一种手段，在权威性、强制性显现的同时也突出亲政爱民的形象塑造。

但形象的塑造只是一时的表象。第二十三卷《本纪》第二十三“武宗二”中有：“中统交钞，诏书到日，限一百日尽数赴库倒换。茶、盐、酒、醋、商税诸色课程，如收至大银钞，以一当五。颁行至大银钞二两至二厘。”这是至大二年，即1309年9月下诏更换新钞之事。特别强调在茶、盐等课税中的处理方式：以一当五。当时至大银钞自二两至二厘，共十三等，与至元钞并行流通，每一两准至元钞五贯、白银一两、黄金一钱，并禁止民间买卖金银。仁宗即位后，以倍数太多、轻重失宜为由，废除至大银钞。元成宗继位（1294），财政亏空日益严重，不得不借助于增印纸币，通货膨胀加剧，物价飞涨。大德三年（1299）开始给官吏添支俸米。[①] 这一趋势一直没有得到控制，愈演愈烈。纸币的滥发使百姓生活日益艰难，为元朝社会根基的崩溃埋下了伏笔。

当茶法茶税压榨过度时也会引起不同阶层的抵制。第二十四卷《本纪》第二十四“世祖九”中有：“遣官同江西、江浙省整治茶、盐法。”这是皇庆元年（1312）二月对江西、江浙地区的茶法进行整治。表明当时茶法的执行存在一定的问题，如腐败问题。第二十六卷《本纪》第二十六“武宗二”

① 参见潘少平《论元朝俸禄制度》，载《南都学坛（人文社会科学学刊）》2002年第1期。

中有："丁卯，诏谕江西官吏、豪民毋沮挠茶课。甲戌，皇姊大长公主祥哥剌吉作佛事，释全宁府重囚二十七人，敕按问全宁守臣阿从不法，仍追所释囚还狱。"这是延祐六年，即1319年7月下诏保证茶税征收的正常进行。表明当时在官员及豪民中出现了一定的反感情绪，甚至抵制情绪。这与茶课征收力度的不断加大，从而压缩了茶在其他环节的利润空间有关。第一百二十四卷《列传》第七十七中有："建德素少茶，而榷税尤重，民以为病，即为极言于所司，榷税为减。"反映了茶税与产茶情况并不成正比，产茶少的地方也有很高的赋税，茶税之重可见一斑，这就造成了"民以为病"的社会氛围，直接动摇着元朝的社会统治根基。大臣刘正就曾极力反对过度增加茶税："拜荣禄大夫、平章政事、议中书省事，时议经理河南，淮、浙、江西民田，增茶盐课额。正极言不可，弗从。"①

一般认为，元朝初期对农业的破坏会影响茶叶的流通，但实际上元朝时茶叶流通是较为顺畅的。第三十三卷《本纪》第三十三"文宗二"中有："乙未，赐护守大行皇帝山陵官、御史大夫孛罗等钞有差。焚四川伪造盐、茶引。"天历二年（1329）八月焚毁四川伪造的茶引。出现伪造茶引，说明各种治理只流于形式，没有起到良好的作用。这与当时皇帝的腐朽荒淫、国家日益衰败的总体局势相符，同时也表明了茶在

① 《元史》第一百一十卷《列传》第六十三"刘正"。

当时社会生活及经济生活当中的重要地位，伪造茶引，正是由于茶引有利可图。

另外，《元史》中有一处与茶有关的记述需加以讨论。第一百二十九卷《列传》第八十二“忠义三”中有：“时军民唯食草苗茶纸，既尽，括靴底煮食之，又尽，掘鼠罗雀，及杀老弱以食。”这是元顺帝至正十九年（1359）四月陈友德与伯颜不花的斤交战，派人劝降，未果之后城中的艰苦状态。这里提到了“茶纸”，一般有两种理解：一种观点认为是茶与纸的和称，另一种观点认为是包茶用纸。《庚申外史》是一本记载元顺帝时期（1333—1368）史事的编年体史书，下卷中有：“又令诸嫔妃百余人，皆受大喜乐佛戒，太仓积粟，尽入女宠家，百官俸则抵支茶纸杂物之类。”表明当时元顺帝的荒淫无度，同时也造成了财政的亏空与民间的疾苦。这里用“茶纸”形容官员们俸禄之低。茶在元朝虽大大普及，但由于产量及运输原因，仍较为珍贵。东汉元兴元年（105）蔡伦改进了造纸术，使造纸工艺更为简易方便，宋元时期已经广泛流行楮纸、桑皮纸等皮纸和竹纸，纸的用途十分广泛，相对便宜。另外，宋元时期仍以紧压茶类为主（主要为团饼茶），其储存与包装就大量运用纸张。因此，可以推测“茶纸”指的是包茶用的纸。与此相对比，可知此处的“茶纸”也是指的包茶用纸。

第三节　茶在政治、经济与社会中的作用路径

通过对《元史》中茶史料的分析，可以发现茶在当时具有的独立意义。茶具有重要的政治与经济意义，这反映在其对元朝财政的巨大贡献方面。与茶有关的税赋收入的增长首先与相应的管理机构与人员相关，其次为税务系统，即茶政茶法。机构与人员是一种实体媒介，发挥着执行者的角色；茶政茶法是体制架构，规定与保障了执行者对目标任务的完成。其实这一机制在唐朝时已经开始形成，并逐步完善。宋朝时进一步巩固了这种独立意义，但当时这种独立意义相对处于下风，这左右着宋朝时茶在政治、经济中的作用路径。元朝时期是茶在政治、经济中的独立意义明显的阶段之一，这直观地反映在其作用路径上。

元朝时茶在社会中的意义是受政治与经济系统影响的，不同于宋朝的是，这种影响足够强大地左右了茶在社会中的独立意义，造成了路径的萎缩。

直接对群体进行的等级划分使社会互动的形式、范围以及有效性大大降低，这与一个统一的中央集权的国家发展需求相背。“其文化特征，既有开放型文化的包容性，又蕴含着封闭型文化的排外因子。”[1] 茶与茶文化，尤其是不同类

---

① 罗立刚：《元朝的统一与南北文化的变迁》，载《内蒙古社会科学（汉文版）》2000 年第 3 期。

别的茶文化在社会空间的传播与影响被削弱。以茶为媒介与载体的社会创造力缺失，使元朝独具特色的茶文化，甚至总结探索的茶相关的书籍都逊于唐、宋、明几代。反映在社会整体的创造力方面同样如此。

元朝总结宋金时期发行纸币的经验，确立纸币的唯一法币地位，实现全国流通，但这在政治系统中执行不力，尤其是在生产乏力时，财政开支却有增无减，乱发纸币，朝令夕改，使物价飞涨，通货膨胀严重。从元至元三年（1266）至明洪武二年（1369），米价涨了近千倍。[①] 米、盐及其他日用品价格的大幅上升，使百姓生活日益困顿，这也波及中下层官员，主要体现为官俸不足。元大德三年（1299）正月，过高的物价使中下层官吏仅靠俸禄很难支撑家庭自给，一些人开始更加严酷地压榨百姓。成宗令中书省按官吏不同等级增添俸米。[②] 在这种经济条件下，茶叶大范围的流通受到很大限制，普通百姓阶层中的人口流动与社会互动产生的文化传播与交融现象大大削弱。

宋朝时，茶具备的独立的社会意义与政治、经济意义同样重要，因此其在社会结构中存在与运行的路径有别于元朝。这主要因为宋朝时，社会空间中茶的发展与生活世界建立了广泛而有机的联系。这种联系对当时社会中的创造力、活力

---

① 参见杨德华、杨永平《元朝的货币政策和通货膨胀》，载《云南民族学院学报（哲学社会科学版）》2001 年第 5 期。

② 参见潘少平《论元朝俸禄制度》，载《南都学坛（人文社会科学学刊）》2002 年第 1 期。

以及市民对生活的领悟力都有着重大影响。反之，社会空间中形成的这种氛围也直接影响着茶在生活世界中的地位和作用。虽然这种地位和作用与政治和经济系统中的意义有一定联系，但绝不是政治和经济系统决定宋朝茶文化，因此这种地位和作用更是一种文化的自觉力使然。从宋朝政治的历史归宿与宋朝茶文化的历史承袭来看，这一观点是成立的。

据此，可以把元朝时茶在政治、经济中的独立意义构成的路径进行描述（见图 13－1）。

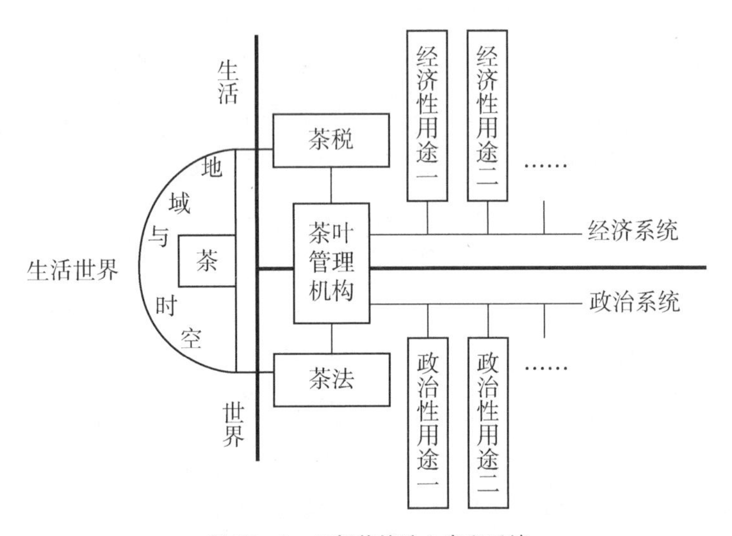

图 13－1　元朝茶的独立意义系统

生活世界概念多指介于国家与市场间的系统，是社会意义的产生与发展空间，主要针对社会的本元运行而言。生活世界是社会互动、创造力孕育、社会精神文化及物质文化创造与发展以及其他各个系统生存与发展的总体基础环境。这种环境无声无息，却每时每刻都在发生着变化，反映并回应着不同系统的运行。因此，生活世界是一种巨大、敏感却又常常保持沉默的系统。

简要的实证分析可以发现其存在状况。元朝时很难听见从社会底层发出的关于茶的声音，即使有也难以到达统治者耳中。当官员收茶后高价卖给羌人，而茶叶生产者却毫无益处时，百姓的不满之声达于张庭瑞，张力主改变这种情况，使生活世界的反映成为真实。[①] 但这种情况少之又少，总体上反映着元朝中后期政治与经济系统的走向。

元朝时主要茶文化成果，如茶书、茶诗画、茶歌舞等与唐、宋、明相差很远。元朝茶类仍以宋朝时的紧压茶（饼茶）为主，同时存在散茶与腊茶；熏制花茶的做法也得到了保留。在茶叶加工方面，散茶加工有了一定发展。工艺趋向简易化，除了蒸青外，炒青技术也得到一定程度的应用。饮用法依然多沿用唐时期的煎煮法。在宋朝茶文化蓬勃发展的基础上，元朝茶文化基本处于一种沉默状态，构成了茶及其文化影响的地域与时间限制。这反映了当时生活世界的一种状态。相对宋朝而言，元朝社会的活力不足，抑制了创造力的产生。

生活世界的意义升华成果之一是社会主流思潮，即主流

---

① 参见《元史》一百〇一卷《列传》第五十四。

学术思想，思潮反映着生活世界的状态，同时也引领着社会生活的方式与过程。茶与中国传统社会中主要社会思潮的互动模式可以再次佐证元朝生活世界中茶的被封闭状态（见图12－2）。主流学术史（主流思潮）的实质展现了儒学的演变史，儒学演变史蕴藏于主流学术史之中。佛教自东汉传入，便作为社会生活观念的一种形态，影响着人们的诸多价值观念。茶与佛禅相结合，这一进程也反映在汉朝经学之中。隋唐时佛学大兴，这种结合程度进一步提升。道家注重服食养生、天人合一，茶与其自然而然有了某种关联性。佛、道之间也因对茶的“服食”产生了关联。这反映的是社会生活观念与自然生活观念间的联系。茶实体作为生活世界中的重要元素，支撑着茶在社会主流思潮中的互动。从分析中可见，元朝似乎没有真正融入这种互动体系之中。

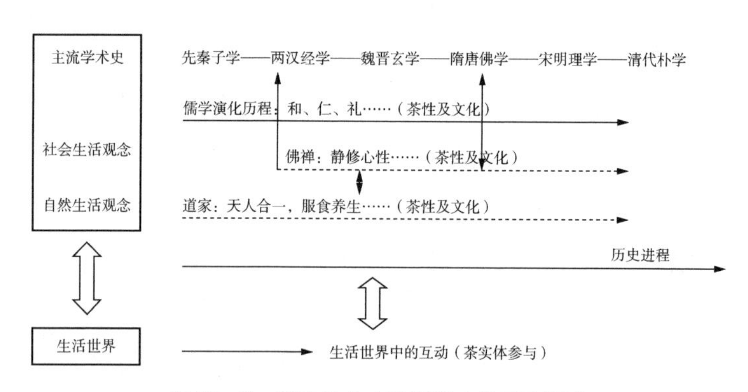

图 13－2　茶在社会主流思潮中的互动模式

茶在元朝生活世界中是被封闭的，其意义系统也受到局限。但在政治、经济系统中，茶的意义系统得到了更为广泛的延伸与运用。以茶管理机构为轴，依据茶政、茶法和税收，茶所产生的意义直接进入政治系统（如政府机构、政府官员、安民的手段等）与经济系统（如税收的制定与调整、地方收入的增加、国库收入的增加等）。

（本部分原刊于《农业考古》2012年第5期，原题名为《茶在元朝政治经济中的地位与角色——〈元史〉中茶史料研究》。有改动。）

第十四章　明朝市井茶

《二刻拍案惊奇》是明朝拟话本小说集，共40卷，与《初刻拍案惊奇》一起，合称“二拍”，作者凌濛初。小说主要表现婚姻关系、官场行为以及商人生活等方面的内容，是研究明朝社会重要的文献资料。① 本部分主要以《二刻拍案惊奇》文本为主介绍明朝茶文化。

《二刻拍案惊奇》中有许多与茶相关的通俗表达法，我们在此做归纳。第38卷中有：“茶为花博士，酒是色媒人。”这是莫大姐与郁盛偷情之前的铺垫描写。在古话本小说中，这种表达法经常会在情色情节的展开之前出现，以烘托环境与氛围。这就涉及人们对茶与酒在当时社会生活中的主要应用认知：茶与“花”的意境相匹配，酒对“色”的需求成媒介。可见，茶的

① 〔明〕凌濛初：《初刻拍案惊奇》《二刻拍案惊奇》，南海出版公司2002年版。

应用主要是看重其高雅意境。“博士”在传统社会中，既是一种官职，也是对有某方面专业技能的人的称呼。“茶”与“花”一起出现逐渐成为一种高雅社会文化的象征。人们对酒的认知则更注重其“醉人”的功用，所以以“色媒人”来形容。

茶作为一种高雅的社会文化，并不排斥其世俗性，即普通百姓、各色群体都可以感觉与享受其文化。第8卷中有：“少年心性，好的是那歌楼舞榭，倚翠偎红，绿水青山，闲茶浪酒……”“闲茶”即代表了一种世俗生活的现象，把“雅”与“闲”相结合，无形中对世俗生活中文化的发展方向起到引导的作用。以“浪酒”相称，也体现了酒对世俗生活中人们行为的影响。

“茶饭”连用在各类古典文学史料中出现较多，在《二刻拍案惊奇》中也是如此，表明了茶在社会生活中的基础作用与重要地位。第23卷中有：“小女庆娘卧病在床，经今一载。茶饭不进，转动要人扶靠，从不下床一步。”这里以“茶饭不进”表明生病的状态。同样，“茶饭不吃”还可以表示内心的一种“病态”。如第11卷中有：“陆氏看罢，吓得冷汗直流，魂不附体，心中懊悔无及。怀着鬼胎，十分惧怕，说不出来。茶饭不吃，嘿嘿不快，三日而亡。”这里“茶饭”的用法是建立在茶在日常生活中的重要地位基础上的，以茶饭来表示生活中各种各样的存在状态。

书中有两处用到了“安乐茶饭”。第19卷中有：“……（莫翁）拊着寄儿背道：‘我的儿，偌多金银东西，我与你两人一生受用不尽！今番不要看牛了，只在我庄上吃些安乐茶饭，掌管帐目。'"第22卷中又有："我若荐了你去，你只管晨昏启闭，再无别事，又不消自爨，享着安乐茶饭，这可好么?"这里，茶饭可以"吃"，也可以"享"，说明"安乐茶饭"是一种生活，以茶饭的"安乐"来表示生活的休闲状态。

在招待与应酬中，也有一种表达方式："烧茶办果"。第11卷中有："烧茶办果，且是相待得好。"因此，除了一般所使用的"茶饭"表达方式外，还有此种"茶果"的联用，也是日常招待礼仪的体现。

现代社会常有一种"茶话会"的群体活动形式，指的是以清茶和点心为主（也包括调饮茶、水果和食品糕点等）招待客人而进行的聚会，也可用于各类商务和外交场合。有研究认为，茶话会是在古代的茶宴、茶会的基础上逐渐演变而来的，唐宋时期已经有了其雏形。但现代茶话会有别于传统的茶会或茶宴，更具有日常生活特色，各阶层都可参与其中；同时，"茶道"中所强调的规则与礼仪约束较少，气氛更为轻松自然。书中也有一处用到"茶话"的表达方式。第15卷中有："徽商留夫妇茶话少时，珍重而别。"这里"茶话"是家中招待客人的一种方式，在故事中可理解为：边喝茶边闲谈。因此，明朝时已经有了现代茶话会的取向，表明茶在日常生活中的沟通媒介作用日益明显。

书中用到了三个与茶相搭配的动词。

首先是"当茶"。第17卷中有："见了俊卿，放下植子，道了万福，对俊卿道：‘隔壁景家小娘子见舍人独酌，送两件果子与舍人当茶。’俊卿开看，乃是南充黄柑，顺庆紫梨，各十来枚。”故事中闻俊卿是女子，这里的“独酌”乃是对喝茶的称呼。景小姐让“老姥”送来水果借用的是“当茶”的名义。因此，这里的“当”字应取“担任、充当”之意，“当茶”应理解为：充当茶的角色。所以，后文中老妇人道：“小娘子说这俗店无物可口，叫老媳妇送此二物来解渴。”由此可见，“送两件果子与舍人当茶”指的是送水果给闻俊卿解渴，“当茶”成为解渴的代称。

其次是“告茶”。第4卷中有：“告茶毕，叙过姓名，游好闲一一代答明白……”这里的“告”字应取“宣布、陈述”之意，表明上茶时的话语需求，因此“告茶”可解为：（兴哥）命人上茶款待。第4卷中还有：“佥宪收了，设坐告茶。”同样是此意。

最后是“点茶”。在《初刻拍案惊奇》中提到了“以枣点茶”的做法，应为“茶汤中泡枣”的传统称呼，主要是因为宋朝时点茶的时兴支配了茶文化当时的走向，所以在明朝时仍然流行以“点”来形容茶事；且当时仍有“点茶”存在。在《二刻拍案惊奇》中也出现了“点茶”的用法。第13卷中有：“把饭吃饱了，又去烧些汤，点些茶起来吃了，走入房中。”这里主人公（直生）先是感叹无酒，进而无奈之下吃饭，然后是“烧汤”，再以“汤”点茶。我们稍加分析可以发现，先烧汤，再点茶，这种汤与茶分别处理的方式直接排除了煎茶之法。宋朝时的点茶技法用的多为紧压茶类（以饼茶为主），在点茶之前要捣成末，再用沸水冲点。因此，严格意义而言，这里的“点茶”非宋朝时的点茶技法，而是对冲泡茶的称呼，暗示了宋朝点茶法影响之大。这与《初刻拍案惊奇》中的表述相似。

书中故事也涉及女性与茶的关系。在传统社会中，女性与茶有着千丝万缕的关联。正是有了这种实在的关联性，在众多古典文学作品中也就有了对这种关系的反映。《二刻拍案惊奇》第3卷中有：“女子也笑将起来。妙通摆上茶食，女子吃了两盏茶，起身作别而行。”讲的是徐丹桂（文中女子）到尼姑庵中拜佛许愿，庵中尼姑妙通以茶食相待。由此可知，明朝时不仅寺院中吃茶，以女性为主的尼姑庵中同样吃茶并以茶待客。这里的“客”既可以是女性，也可以是男性，如第21卷中有：“尼姑见有客来，趋跄迎进拜茶。”对男女客人一视同仁。尼姑庵中上茶食的表述，表明了茶食已经成为明朝饮茶文化的重要组成部分，暗示了茶文化在女性修行者生活中的地位及对其的影响。

女性之间也是以茶相互招待的，这符合普通人际互动的要求。第十五卷中有：“提控娘子便请爱娘到里面自己房里坐了，又摆出细果茶品请他，吩咐走使丫鬟铺设好了一间小房……”第3卷中对茶食的描述及此处“细果茶品”的出现，说明茶已经与食品、各类果品相融合，形成了一种“大茶”文化。这是现代茶文化形成的重要组成部分与不可缺少的过程。

茶与女性的关系必然涉及茶与婚姻的关系。清朝时，茶为婚姻媒介的作用已经得到了很大的发挥，以《红楼梦》为代表的众多文学作品都反映出了这一特点。但以茶为媒的做法始于何时、何事尚未得到确认。《二刻拍案惊奇》中也涉及茶与婚姻的关系。第 9 卷中有："媒婆道：'是老媳妇的女儿。'凤生一眼瞅去，疑是龙香。便叫媒婆去里面茶饭，自己踱出来看，果然是龙香了。"这里媒婆准备茶饭，显然是为接下来的姻缘互动创造条件，也是必要的礼仪。第 3 卷中有："'而今还是个没吃茶的女儿。'翰林道：'也要请相见。'"这里讲的是孺人介绍徐丹桂的情况，以"没吃茶"形容未出嫁，所以前文有"孺人道：'你姑夫在时已许了人家，姻缘不偶，未过门就断了'"。我们再深入分析：已经许配了人家，但未过门，因此仍是未出嫁，姻缘关系未建立，因此说"还未吃茶"。所以，我们从中可得出这样的推论：明朝时把吃茶与正式的婚嫁关系的确立相联系，吃过茶即意味着姻缘关系正式确立。在《红楼梦》第 25 回中，众人在一起谈论暹罗进贡茶的好坏时，黛玉笑道："你们听听，这是吃了他们家一点子茶叶，就来使唤人了。"凤姐笑着反击说："倒求你，你倒说这些闲话，吃茶吃水的。你既吃了我们家的茶，怎么还不给我们家作媳妇?"产生的反应是："众人听了一齐都笑起来。林黛玉红了脸，一声儿不言语，便回过头去了。"虽然这里是打趣的话，但也说明清朝时依然沿用了明朝时的做法。总体说来，在姻缘关系的建立过程中，茶的应用范围是在不断扩大的，如相亲、定亲、婚礼中都有了茶的“身影”，其应用及喻义也更为具体。

《二刻拍案惊奇》中还涉及其他一些茶文化。唐宋时期，茶馆、茶楼已经很多，不但构成了一种茶文化，也形成了一种重要的经济活动。对茶馆的称呼多种多样，宋朝时常以“茶肆”相称，与“酒肆”对应，表明了茶文化的影响力之大。凌濛初在《初刻拍案惊奇》第15卷、第17卷中也运用到了此种文化，将其称为“茶坊”，但第37卷中以“茶肆”出现。在《二刻拍案惊奇》中有两卷（第5卷和第10卷）也有提到，均以“茶坊”的名称出现。因此，凌濛初的“二拍”反映了明朝时对茶馆的称呼仍有多种，但以“茶坊”为主。那么“茶坊”是一个怎样的地方呢？唐宋时，茶馆已经成为各类人汇集之地，是重要的休闲场所和信息传递通道。明朝时依然如此。第10卷中有在茶坊等人的用法；同样在该卷中，也有对大家在茶坊中传递消息的描写：“众人尚在茶坊未散，见了此说，个个木呆。”第5卷中有：“各人认路，凡有众人团聚面生可疑之处，即便留心挨身体看。”由这句话可以看出，茶坊酒肆是“众人团聚”之处，显示了其市井色彩的浓厚。

第10卷中还有：“且说那些没头鬼光棍赵家五虎，在茶房里面坐地，眼巴巴望那孩子出来……”这里的茶房指的是官僚贵族家中专司茶事及其他杂事的地方。关于茶房的运用，清朝时的文学作品中主要有两种含义：一是司茶事及杂事的地方；二是在公共场所中从事杂事服务的人员。在《初刻拍案惊奇》中，我们并未发现“茶房”一词，《二刻拍案惊奇》中也只出现这一次，可见，在明朝时的拟话本小说中，“茶房”一词运用得并不多，一定程度上反映了其普及程度尚不高。

书中有一条重要的信息，即出现了“茶券子”的用法。第8卷中有：“沈将仕道：‘吾随身箧中有金宝千金，又有二三千张茶券子可以为稍。只要十哥设法得我进去，取乐得一回，就双手送掉了这些东西，我愿毕矣。’”书中在下文也给了介绍：“……‘茶券子’即是‘茶引’……有此茶引，可到处贩卖……大户人家尽有当着茶引生利的。”“茶引”是宋崇宁元年（1102），蔡京力主开设的，茶叶经营由“官买官运官销”改为“官督商销”，“茶引”是官府发给茶商的茶叶运销凭证，分为长引、短引、正引、余引。从书中可知，茶引在明朝时俗称为“茶券子”，有着重要的社会影响及价值。“每张之利，一两有余”，如此计算，那么倒卖茶引则是一种牟取暴利的行为，这一现象造就了“这茶引当得银子用”的局面。从这些分析可以看出，茶引已经由一种商业制度变为投机渠道，严重影响了茶业的进一步发展。

（本部分原刊于《兰台世界》2012年第6期，原题名为《〈二刻拍案惊奇〉中茶的社会文化》。有改动。）

第十五章　儒林茶形

《儒林外史》[1] 全书共56回，其中至少有50回出现茶的内容，占到89.3%。书中有三处提到茶的名称。第2回中有："拿一把铅壶，撮了一把苦丁茶叶。"第41回中有："桌上摆着宜兴砂壶，极细的成窑、宣窑的杯子，烹的上好的雨水毛尖茶。"第53回中有："聘娘用纤手在锡瓶内撮出银针茶来，安放在宜兴壶里……"可见，"苦丁茶""毛尖茶""银针茶"已经在交际中普遍使用。另外，第23回中有："茶馆里送上一壶干烘茶，一碟透糖，一碟梅豆上来。"干烘茶指未经揉制而直接烘干的粗茶，据有关史料记载，干烘茶源于安徽省霍山、六安一带，创制于明代隆庆年间，后由皖入鲁，盛行于山东莱芜，辐射齐鲁，曾上贡朝廷，故有"齐鲁干烘"之称。

---

① 〔清〕吴敬梓：《儒林外史》，敦煌文艺出版社2011年版。

干烘茶为半发酵茶，叶大，梗长，其汤浓色重，性温，适于胃不好的人群。

书中在煮茶方法方面也有涉及。第 2 回中有："倒满了水，在火上燎的滚热，送与众位吃。"这是一种直接煮茶的方法。书中多次出现"煨茶"之说。第 20 回中有："老和尚见他孤踪，时常煨了茶送在他房里，陪着说话到一二更天。"第 27 回中有："丫头一会出来要雨水煨茶与太太喝。""煨"在汉语字典中的含义有两种：一种指在带火的灰里烧熟东西；另一种指用微火慢慢地煮。"煨茶"取的是第二种含义，指以文火加热，也称为"烹茶"。如第 11 回中有："坐了一会，杨执中烹出茶来吃了。"书中有一处也用了"烧茶"。如第 17 回中有："老奶奶烧起茶来，把匡大担子里的糖和豆腐干装了两盘，又煮了十来个鸡子。""煨茶""煮茶""烹茶"与"烧茶"的含义基本相同，与唐代盛行的煎茶法相似。也有以煨好的水来冲泡茶叶的。如第 53 回中有："房中间放着一个大铜火盆，烧着通红的炭，顿着铜铫，煨着雨水。聘娘用纤手在锡瓶内撮出银针茶来，安放在宜兴壶里，冲了水……"这与现代的泡茶法相似。

值得注意的是，当时非常流行以雨水来煨茶，上文中（第 53 回）已经论及。第 55 回中叙述盖宽卖房、丧妻之后，带着一儿一女开茶馆，文中写道："可怜这盖宽带着一个儿子、一个女儿，在一个僻静巷内，寻了两间房子开茶馆……后面放着两口水缸，满贮了雨水。他老人家清早起来，自己生了火，扇着了，把水倒在炉子里放着……”一个本是开当铺的人转行做茶馆生意，也懂得以雨水烹茶，足见此种做法在当时是极为流行的。

书中对请人喝茶的说法主要运用的是一种动作表达，这与明清时期其他作品相同。主要使用动词来表达。如“献茶”（第10回：“两公子再三辞过，然后宽衣坐下，献茶。”）、“倒茶”（第16回：“嫂子倒茶与他吃。”），等等。

书中也用到了喝茶的说法。如“吃茶”（第3回：“金有余也称谢了众人。又吃了几碗茶，周进再不哭了……”）、“奉茶”（第16回：“家父病在床上，近来也略觉好些，多谢老爹记念。请老爹到舍下奉茶。”）。这是一种古汉语的用法，意思为“被奉茶”，句中指请老爹去喝茶。

书中也涉及“茶食”。第43回中有：“葛来官听见，买了两只板鸭，几样茶食，到船上送行……”无论此处的“茶食”是否与现代一样指茶食品，都可以推断清朝时期茶与食品的结合已经大大加强。而从语用学上分析，“几样茶食”是对同一类东西的数量化表达，说明茶食是一体化的存在。

第一节　茶的地位与作用

书中多处体现了茶在清朝社会生活中的重要地位。第1回中写道：“秦老慌忙叫儿子烹茶，杀鸡、煮肉款留他，就要王冕相陪。”无论这是一种招待程序——先行茶之礼，再以酒肉相待——还是用语表述的特定方式，都体现了茶在招待应酬中的重要作用。第30回中写道："连忙足恭道：'小道不知老爷到省，就该先来拜谒，如何反劳老爷降临？'忙叫道人快煨新鲜茶来，捧出果碟来。"煨新鲜茶表达了对尊贵客人的高规格礼遇。

第24回中有："大街小巷，合共起来，大小酒楼有六七百座，茶社有一千余处。不论你走到一个僻巷里面，总有一个地方悬着灯笼卖茶……"随处可见的茶社一方面说明了社会中饮茶之风的流行，另一方面也说明了茶社（茶楼）经济已经具备一定规模。二者共同体现了茶在社会生活中的重要地位。

除此之外，茶还在人们的社会生活中起着基础性的作用。第21回中写道："牛老道：'实是不成个酒馔，至亲面上，休要笑话。只是还有一说，我家别的没有，茶叶和炭还有些须，如今煨一壶好茶，留亲家坐着谈谈……'"从"我家别的没有，茶叶和炭还有些须"这句话中可见，茶在家庭的招待活动中是不可缺少的。第18回中又写道："平常每日就是小菜饭，初二，十六，跟着店里吃'牙祭肉'；茶水、灯油，都是店里供给。"茶水与灯油相提并论，足见其在人们生活中的不可缺少性。第1回中有："……论理，见过老爷，还该重重的谢我一谢才是，如何走到这里，茶也不见你一杯，却是推三阻四……"此处是翟买办在抱怨王冕的不知礼数：无论怎样，首先应请喝杯茶以示最基本的感谢之意，忽略了这一点是极为缺礼数的。

有时以吃茶作为日常生活中餐饮的一种代称。如第26回中写道："归姑爷又问老太要了几十个钱带着，明日早上去吃茶。"这里早上吃茶即吃早点的意思。第16回中有："太公睡不着，夜里要吐痰、吃茶，一直到四更鼓，他就读到四更鼓。"此处可以将"吃茶"视为夜间吃零食，也可解释为喝茶水。依原文的意思，由于太公年龄已大，身体不好，常夜间咳嗽吐痰，所以推测此处的"吃茶"应指"喝茶"之意。依现代饮茶知识，夜间喝茶会影响睡眠，这在一定程度上也使"太公睡不着"现象进一步加剧。虽然饮茶可提神醒脑的知识在唐代时已经产生，但是即便到了清朝，一部分人对夜间饮茶与睡眠间的关系还没有达到科学的认知程度。

茶盘一般为端茶时专用，指盛放茶壶、茶杯和茶食的浅底器皿。随着茶在社会生活中日益普及，茶盘的重要性越来越大，其使用在明清时期逐渐泛化，除了《儒林外史》外，在《红楼梦》《西游记》中也都体现了这一趋向。

《儒林外史》第2回中有："和尚捧出茶盘——云片糕、红枣和些瓜子、豆腐干、栗子、杂色糖，摆了两桌……"可见，茶盘中可以放置许多物品，且都与吃喝有关。第4回中有："……有县里工房在内监工，工房听见县主的相与到了，慌忙迎到里面客位内坐着，摆上九个茶盘来。工房坐在下席，执壶斟茶。"此处，工房招待上级时首先提到摆上九个茶盘，虽未直言盘内之物，但表明了此时茶盘所代表的尊重、敬畏之意，进而再行斟茶上茶之礼。

第二节　茶的社会特征和意义

书中多处提到了喝茶的地点。如第 12 回中有："张铁臂让他到一个茶室里坐下，叫他喘息定了，吃过茶……" 第 17 回中又有："景兰江吩咐船家，把行李且搬到茶室里来。当下三人同作了揖，同进茶室。" 第 13 回中有："两人拉着手，到街上一个僻静茶室里坐下。" 此三处写的是 "茶室"。第 14 回中有："前前后后跑了一交，又出来坐在那茶亭内……" 这是写的 "茶亭"。第 15 回中有："儿子守着哭泣，侄子上街买棺材，女婿无事，同马二先生到间壁茶馆里谈谈。" 这是写的 "茶馆"。前文已经提到 "茶社有一千余处"（第 24 回），且 "不论你走到一个僻巷里面，总有一个地方悬着灯笼卖茶，插着时鲜花朵，烹着上好的雨水，茶社里坐满了吃茶的人"。第 3 回中有："众人七手八脚将他扛抬了出来，贡院前一个茶棚子里坐下……" 这里说的是 "茶棚"。书中还有一处提到了 "茶厨"。第 49 回中有："又发了一个谕帖，谕门下总管，叫茶厨伺候，酒席要体面些。" 可见这里所用的 "茶厨" 是指专门服侍用茶的人，不同于《红楼梦》中多处提及的 "茶房"，后者指的是一种贵族庭院内专门准备茶事的地方。

书中涉及的喝茶地点主要有 "茶室" "茶亭" "茶馆" "茶社" "茶棚"。这五类地点均为公共活动的场所，主要是人际往来、应酬时的一个活动空间。这在清朝文人活动中构筑了一种社会空间，具备了一定的社会学意义。主要通过信息的流动与政治系统、经济系统相互沟通，从而发挥着“互动仪式链”的作用。同时，在这些场所内，也存在着大量的私人空间，如第13回中提到了差人和宦成到“一个僻静茶室”里说起悄悄话。所以，这种现实的、在儒林中通用的用茶场所是一种联系着宏观与微观的纽带，自身既作为活动的空间，也构建着人际间的多层互动模式，还成为清朝儒生们生活的一面镜子。如前文所述第3回中有：“（周进）哭了一阵，又是一阵，直哭到口里吐出鲜血来。众人七手八脚将他扛抬了出来，贡院前一个茶棚子里坐下，劝他吃了一碗茶，犹自索鼻涕，弹眼泪，伤心不止。”把周进几十年苦读却没考得一个秀才的刻骨之痛通过在“茶棚”内的互动过程刻画得入木三分。

书中也反映出清朝时儿童入饮茶场所的情况。第25回中有：“鲍文卿说他是正经人家儿女，比亲生的还疼些。每日吃茶吃酒，都带着他……”这表达出当时文人社会空间对孩子的出入管制较为宽松的方式，并以带出去吃茶吃酒为一种喜爱与呵护的表达。这就造成了在儒士阶层构建的社会中儿童社会化的一种不良趋向：奢侈感化为荣耀感，官场中的生活模式成为人生向往的目标。

虽然有许多公共饮茶的地方，但茶商业的经营者的地位仍然很低。如前所述第55回中有：“可怜这盖宽带着一个儿子、一个女儿，在一个僻静巷内，寻了两间房子开茶馆。把那房子里面一间与儿子、女儿住。外一间摆了几张茶桌子，后檐支了一个茶炉子……”可见开茶馆是落魄者的一种谋生方式，显然也传达了一种凄凉的感觉。下文继续写道：“邻居见他说的苦恼，因说道：‘老爹，你这个茶馆里冷清清的，料想今日也没甚人来了，趁着好天气，和你到南门外顽顽去。’”这反衬出经营的不易、生活的辛酸。盖宽的遭遇代表了一大批清朝儒生文人们落魄的生活境遇（盖宽原为开当铺的，但不善经营，迷恋诗画，导致家道败落）。

茶也体现了互动礼仪的要求。第 10 回中有：“献过三遍茶，摆上酒席，每人一席，共是六席。”可见大的酒席款待之前，是要先行茶礼的：三遍茶。第 12 回中也有：“换过三遍茶，那厅官打了躬又打躬，作别去了。”除了正式款待中的三遍茶礼的存在，婚姻中也有三遍茶的礼仪要求。如第 26 回中有：“小王穿着补服，出来陪妹婿。吃过三遍茶，请进洞房里和新娘交拜合卺，不必细说。”可见，书中的“献三遍茶”“换三遍茶”和“吃三遍茶”针对的主体施动者是不同的，即服侍人员、旁观第三者以及用茶主体。而恰恰是三个不同的主体共同反映出了“三遍茶”的重要性及不可或缺性，让它成为礼仪中的仪式性活动，代表着某一活动的社会合法性。

除了体现出的礼仪性与互动合法性外，茶还起着一种情境缓解剂的作用，即在特定情境下，互动主体面临尴尬境遇，此时可以以茶事中的活动来适当化解。如第 24 回中有：“（石老鼠）是个有名的无赖，而今却也老了。牛浦见是他来，吓了一跳，只得同他作揖坐下，自己走进去取茶。”此处牛浦通过作揖、取茶来掩饰内心的慌乱，并通过强化的礼仪——亲自取茶献茶，来化解可能的不利。

书中也谈到了送行时的情况。第43回中有：“葛来官听见，买了两只板鸭，几样茶食，到船上送行……”可见，当时已经出现了送朋友时送茶食的现象，虽然不能确定这一现象是否普遍，但至少可以确定“送茶食”这一行动中已经包含了对行程的祝福之意，同时，送行时送茶食与板鸭体现了路途中茶食的实用性。

（本部分原刊于《兰台世界》2011年第22期，原题名为《〈儒林外史〉中茶的社会文化》。有改动。）

第十六章　官场茶形

《官场现形记》[1] 作者为李伯元，字宝嘉（1867—1906）。该书共60回，在晚清谴责小说中具有代表性，开近代小说批判社会现实之风。作品以晚清官场为表现对象，集中描写封建社会崩溃时期旧官场的种种腐败、黑暗和丑恶现象，既有军机大臣、总督巡抚、提督道台，也有知县典吏、管带佐杂，他们或龌龊卑鄙，或昏聩糊涂，或腐败堕落。是反映清朝社会生活，尤其是官场生活的重要文学史料。全书至少有52回出现茶的内容，占到全书的86.7%。

书中有一处提到了饮茶的名称：盖碗茶（第2回），可见清朝时盖碗茶已经十分流行，从全书52回内对茶的使用情况看，一般所泡之茶均为此种茶。第58回中提到了“茶点”：

---

① 〔清〕李伯元：《官场现形记》，贺阳校注，中州古籍出版社1995年版。

“从王爷起，一个个同他拉手致敬，分宾坐下，照例奉过西式茶点。”这也是书中唯一一次使用“茶点”一词，且为“西式”。从“照例奉过西式茶点”句可见，清朝后期奉西式茶点已经在中上层社会，尤其是统治阶层内成为惯例。国外生活习惯已经深刻影响了当时的清朝社会，从而使其与中国的茶文化相结合。第46回中有：“谁知他吃到一半，叫值席的倒了一碗热茶给他，趁人不见，从荷包里摸出一个烟泡，化在茶里吃了。”是说童子良拿喝茶作为吸烟泡的掩饰，把烟泡置于茶中。这也是外国文化渗入的一种表现。书中也有一处提到茶的冲泡。第1回中有：“当下吃过一开茶，就叫开席。”一开茶指的是茶汤的第一泡，一开茶味道最浓，口感最重。

书中对茶具也有涉及。第2回中有：“居中一张方桌，两旁八张椅子，四个茶几。”这是赵温见到的王乡绅家的布置，可以推测茶几已经广泛存在。如第44回中有：“有些人两只眼睛只管望着大帅，没有照顾后面，也有坐在茶几上的。”第48回中有：“抚台听了，一时记不清楚自已从前到底有过这话没有，随手接了过来，往茶几上一搁。”从“坐”“搁”两个动作可见，在官场的日常生活与应酬接待中，茶几已经十分普遍，也可以说是官场布置的一个必备物。

除茶几外，还有茶壶、茶碗和茶钟。第2回中有：“又拿起茶壶，就着壶嘴抽上两口；把壶放下。”第3回中有：“只见黄知府拿茶碗一端，管家们喊了一声‘送客’，他只好辞了出来。”第25回中有：“桌子上并无东西，只有一把小茶壶，一个茶钟。”除了这几次简要的描述外，很难找到其他直接涉及茶具的明确文字。从这些器皿来看，主要针对的是较为粗放的碗饮或杯饮形式，结合清朝时清茶的普及以及大碗茶、盖碗茶的流行，这一点是可以肯定的。另外，盖碗茶更显人际互动中正式的色彩，所以当时盖碗茶在官场中运用是最普遍的，这也与我们前文的分析相符。大碗茶则主要在普通百姓生活中流行。

对茶事过程，书中多一笔而过，对涉茶人员交代不多。书中对人际互动中的上茶及用茶过程着墨不多，主体为官场中各式各样的官员。如第6回中有：“那军机大人就端茶送客，自己踱了进去。”客体则为受接待者，多以“客”的形式存在。在官员家中，端茶者多为侍者或管家。如第22回中有：“管家们又端上茶来。”

具体的涉茶事人员主要是“茶房”。清朝时，“茶房”主要有两种含义，一是指官僚贵族家中专司茶事及其他杂事的地方；二是指旧时在旅馆、茶馆、轮船、火车、剧场等地从事供应茶水等杂务工作的人。第10回中有：“周大权听了，诺诺连声。陶子尧又叫茶房先端一碗鱼面给周大权吃。”第15回中有：“庄大老爷奉他两位炕上一边一个坐下，茶房又奉上茶来。”可见，书中“茶房”的含义为第二种。此种含义范围非常广泛，一般只要是公共场所，就存在以端茶倒水等杂事服务为生的人。如第43回中有：“……贼捉不到，就哭着要船上茶房赔他；一会又说要上岸去告状。”可见船上也有茶房。从服务类型来看，他们处于社会底层。书中也提到了茶商。如第 17 回中有：“只因本年十月十二是他亲家生日，——他亲家是屯溪有名的茶商。”可见，清朝时茶商不但很多，而且也有了一定的社会地位，较唐宋时期茶商极为低下的社会地位有了很大改变。

第一节　互动与地位

唐宋时期是中国茶文化发展的一个高峰，茶逐渐普及到普通百姓生活之中。宋朝时，茶已经成为人们日常生活“开门七件事”之一。到清朝，茶文化对人们日常生活的影响更加深刻，这主要表现在其在人际互动中扮演的重要角色方面。

全书中 52 回对茶的运用均是在人际互动（多为官场）中出现的，茶发挥着互动纽带的作用，因此，茶在官场互动中的基础地位不言而喻。我们选取几个重要的方面加以简要介绍。第 7 回中有：“当下陶子尧走来，那巡捕问明来意，因为抚院有过吩咐，是不敢怠慢的，立刻让进来吃茶抽烟。”这表明在招待客人时少不了茶的参与。又第 8 回中有：“下车进去，新嫂嫂先交代过本家，喊了一台下去。两人上楼吃茶吃烟……”一家人也一起“吃茶吃烟”，表明茶不仅在招待外来宾客时使用，也是亲戚朋友互动的一种纽带。

第 7 回中有：“等到刮风的时候，他管家困倒了，吃茶吃水，都是刘瞻光派人招呼；自己又时时刻刻过来问候……”

在家庭困倒之时，以“吃茶吃水”代替家庭的最基本保障，这一用法说明茶文化已经深刻嵌入官场的社会生活之中。这也表现在官场中人们在互动中发出邀请的言语表达方面。第50回中有：“又说：‘你既然老远的来了，无论如何，总赏小弟一个脸，进去喝杯茶，也是我地主之谊。’”“进去喝杯茶”看似请喝茶，但实质为请客人进屋享受主人的招待之意，招待中肯定有茶，但也不会只有茶而没有别的东西，在语用学中，日常情境已经把这种内容转化为“喝杯茶”的言语表达，成为一种发生在官场中的社会互动中的重要符号。

除以上几点外，还有一点值得注意，即官场应酬中，即使有外国人（洋人）参加，也是遵照奉茶、喝茶礼仪的。第52回有：“一霎席散，让少大人、尹姑爷陪了洋人到西书房里吃茶，他自己招呼徐大军机。徐大军机又坐了半天，喝了两杯茶，方才坐车先自回去。”把洋人请到书房内吃茶，这既表明一种尊重，也暗示此种互动介于正式关系与休闲谈心之间，既有庄重感，也不会过于随意和刻板。

第二节　作用和意义

总结全书对茶的运用情况，我们可将茶的社会作用主要归结为两大类，即茶在官场社会生活中的作用和茶对精神状态的“描述”功能；但同时也不能忽略其他一些社会作用的存在。以下进行归纳整理。

上文中我们介绍了书中对茶在官场中的重要作用的描述，其中包含了茶所起到的话语互动的纽带作用，即茶在官场互动中重要作用的发挥进一步引发话语的互动。如第7回中有："进得门来，作揖问好，那副亲热情形画亦画不出。一时分宾归坐，端上茶来。两个人先寒喧了几句，随后讲到土匪闹事。"可见，归坐—上茶—寒暄构成了一条互动线路，在谈论正事之前是先要上茶的。又如第18回有："且说过道台承中丞这一番优待，不禁受宠若惊，坐立不稳，正不知如何是好。一时擦背已毕，归坐奉茶。刘中丞慢慢的同他讲到……"可见，正式的话语互动之前是要有奉茶环节的。

官场中的社会生活离不开茶，这首先表现在茶的解酒功能方面。第13回中有："这里文七爷的酒越发涌了上来，不能再坐，连玉仙来同他说话，替他宽马褂，倒茶替他润嘴，他一概不知道，扶到床上，倒头便睡。"可见，当时人们对以茶解酒的功能已经有了一定认识，官场应酬喝醉之后，是要以茶润嘴的。第38回中也有："有天亦是宝小姐醉后，瞿太太过来替他倒了一碗茶，接着又装了几袋水烟。"无论是从礼节上还是实用上，给醉酒的人倒茶都是一种重要的行为。

茶是官场生活状态的一种代言。如第10回中有："日间无事，便在第一楼吃碗茶，或者同朋友开盏灯。每天却是一早出门，至夜里睡觉方回。"无事时去吃茶代表了一种无所事事或悠闲生活状态。通过茶也表现了侍者的生活状况。如第12回中有："胡统领上船之后，要茶要水，全是龙珠一人承值；龙珠偶然有事，便是凤珠替代。服侍的周全。”第16回中又有：“因此就拿个主人一顶顶到天上去：主人想喝茶，只要把舌头舐两舐嘴唇皮，他的茶已经倒上来了；主人想吃烟，只要打两个呵欠。”可见，侍者对被服侍者在茶水服务方面是要异常周到的，这也反映出他们低下的社会地位及艰苦的生存状况。

除此之外，茶馆也是官场生活的一个“驿站”，即起着信息中转传递的作用，是人们放松休息的地方。如第3回中有：“花媛媛母女两个晓得此时不便，又在外面茶馆里等了半点钟，看看来的人已去大半。”第45回中也有：“王二瞎子见他俩已允，便先寻了本图地保，同着原差又找到原告，在小茶馆里会齐，开议此事。”第49回中有：“那两个性子暴的差官正在茶馆里吃茶回来，将近走到辕门。”由这三段描述可以看出，卷入官场事件中的各类各色的人都把茶馆作为一种临时“驿站”。

但有一点也应注意，第50回提到“姨太太们”与茶馆的关系问题，“姨太太们虽然不逛窑子，上茶馆；然而戏园、大菜馆是逃不掉的，因此更觉随心乐意”。可见，本书所反映的晚清时期贵族与官僚的“姨太太们”是不进茶馆的，但这并不等同于其他女性不进茶馆。宋朝孟元老在《东京梦华录·潘楼东街巷》中已经有了仕女到茶坊吃茶的记载：“旧曹门街北山子茶坊，内有仙洞、仙桥，仕女往往夜游吃茶于彼。”徐珂在《清稗类钞》中有：“苏州妇女好入茶肆饮茶。同光间，谭叙初中丞为苏藩司时，禁民家婢及女仆饮茶肆，然相沿已久，不能禁。”这二处描写说明宋朝至清朝期间女性进茶馆饮茶是极为正常的。“姨太太们”不能进茶馆则表明了清朝官僚社会的一种迂腐，是对女性思想的强力禁锢。

在官场社会生活中存在着一种叫“打茶围”的娱乐活动。如第24回中有：“黄胖姑道：‘我们去打个茶围好不好？’贾大少爷无奈，只得把小褂、大褂一齐穿好。”第29回中有：“现在且不要管他，等到散过席，拉着六轩去打茶围再讲。”又有：“只有余小现无家无室，又无相知，便跟了糖葫芦去到王小四子家打茶围。”“打茶围”也称作“打茶会”，旧时指到妓院品茶饮酒取乐，在清朝中上层的官僚与贵族青少年子弟中已经是较为流行的一种娱乐形式。

茶在官场生活中也发挥着传达精神状态的作用。如第11回中有：“一霎时犹如热锅上蚂蚁一般，茶饭无心，坐立不定，好生难过。”第19回中有：“这几日把个过道台忙的昼夜不宁，茶饭无定。”此外以“茶饭无心”“茶饭无定”形容了人的情绪状态，这也是茶在社会生活中的重要作用的表现之一。这种用法在《红楼梦》中有着更为广泛的应用。

另外，对茶的态度也传达着一种生活态度。如第19回中有：“端上茶来，署院揭开盖子一看，就骂茶房糟蹋茶叶，说道：‘我怎样嘱咐过，每天只要一把茶叶，浓浓的泡……’”无论署院的真实目的为何，至少在这里茶叶成为他声称的生活态度——节俭的外在表征。

由于茶在官场生活中的重要作用及广泛存在，茶也成为情绪发泄的一种媒介。如第5回中有："何藩台听了这话，越想越气。本来躺在床上抽大烟，站起身来，把烟枪一丢，豁琅一声，打碎一只茶碗，泼了一床的茶，褥子湿了一大块。三荷包见他来的凶猛，只当是他哥动手要打他。"可见，正是因为生气，所以才丢烟枪，碎茶碗，泼茶水。这一全套的动作表现了气愤程度之高，也表明茶在生活中的普及程度。

第三节　关系和等级的形塑

由于茶在人际关系中发挥作用的独特性，所以这里单独对其进行讨论。主要涉及奉茶迎客以及端茶送客两大方面。

书中绝大部分迎客及招待应酬宾客都有奉茶和泡茶情况出现，我们已经做了适当介绍。如第3回中有："徐都老爷自己去开门，一看是胡理，把他喜的心花都开了。连忙请了进来，吩咐泡茶，拿水烟袋，又叫把烟灯点上。"奉茶的时机与特征可归结为以下三点：

第一，表示感谢与尊敬时奉茶。如第1回中有："赵老头儿无奈，只得收下，叫孙子过来叩谢王公公。当下吃过一开茶，就叫开席。"其他许多章回中都有相关使用。

第二，日常服侍奉茶。如第14回中有："龙珠因见统领在烟铺上睡着了，便轻轻的走到中舱，看见周老爷正在那里写字呢，龙珠趁便倒了碗茶给他。"第22回以及第39回中也有相关描述。

第三，正常宾主相见奉茶。如第 17 回中有："一时分宾归坐，端上茶来。两个人先寒暄了几句，随后讲到土匪闹事。"第 27 回中也有相关描述。

端茶送客在书中运用得较多，多为直接运用"端茶送客"的表达方法，也有分开运用的情况。如第 3 回中有："只见黄知府拿茶碗一端，管家们喊了一声'送客'，他只好辞了出来。"两种表达方式共出现 20 次。从该行为表达的主观意愿而言，包含贬义、中性和褒义三种。除了端茶送客外，还有一处提到了客人以端茶主动告辞的做法。如第 33 回中有："'……方伯就先到他家去查查也不妨。'藩台听说称'是'。于是端茶告辞。回到公馆，过了一夜。"端茶送客的发生情境特征可归纳为以下四点：

第一，上级对下级，多为持否定态度或不合心意时。如上述第 3 回中有："只见黄知府拿茶碗一端，管家们喊了一声'送客'，他只好辞了出来。"第 9 回也有："王道台听了他话，也不好说甚么，于是敷衍了几句，端茶送客。"第 6 回、第 19 回和第 37 回中也都有相关描述。

第二，上级对下级，谈话完毕后。如第 43 回中有："区奉仁答应了两声'是'。制台马上端茶送客。"

第三，级别相似或相当，谈话完毕后。如第 45 回中有："'慢着！公事公办。既然动了公事，那有收回之理？你老哥且请回去听信，兄弟自有办法。'说罢，端茶送客。钱琼光只得出来。”

第四，主人端茶，侍从人员喊送客。如上述第3回中有：“只见黄知府拿茶碗一端，管家们喊了一声‘送客’，他只好辞了出来。”

（本部分原刊于《中国茶叶》2013年第2期，原题名为《官场茶形——〈官场现形记〉中的茶》。有改动。）

第十七章　雷峰塔与茶

雷峰塔原名“皇妃塔”，又名“西关砖塔”，是由吴越国王钱俶为祈求国泰民安而于北宋太平兴国二年（977）在浙江杭州西湖南岸夕照山上建造的佛塔，塔基底部辟有井穴式地宫，储放有大量珍贵文物和精美供奉物品。清朝前期，雷峰塔已经成为西湖十景之一，“雷峰夕照”闻名遐迩。清末民初，民间盛传雷峰塔塔砖具有“辟邪”“宜男”“利蚕”的特异功能，屡遭盗挖。1924 年 9 月 25 日，年久失修的雷峰塔砖塔身轰然坍塌。重建工程于 2000 年 12 月 26 日奠基后顺利开展，2002 年 10 月 25 日，雷峰新塔如期落成。

西湖与茶的关系十分密切，但关于雷峰塔与茶的关系的文字记述并不多，为什么会出现这种情况呢？究其原因，主要在于以下两个方面：其一，浙江为产茶大省，西湖龙井茶的历史文化久远，从而极为自然地为西湖文化注入了茶文化的元素；其二，西湖是一个宏观意义的自然景观与人文景观相结合的文化体，以整体形式对外发挥影响，其各种具体景致则成为西湖文化体的一部分，因此，诸多联系虽与具体景观相关，但在表达上却以西湖为载体。总体而言，虽然描述和运用雷峰塔文化与茶的关系的文字不多，但其价值与意义不可抹杀。

雷峰塔文化以历史与神话传说为主线，这也构成了其文化的核心。这些神话传说有的形成文学作品，流传了下来，以“白蛇传说”为主。下文以清代方成培所撰的《雷峰塔》[①]阿英（1900—1977）的《雷峰塔传奇叙录》[②] 为主对其中涉茶内容进行简要分析。这里分析的内容并非所有都与雷峰塔直接相关，而是注重了“雷峰塔”三字中的文化喻义，尤其是在传奇故事中所具有的象征性。

方成培的《雷峰塔》传奇以白娘子和许宣（一作“仙”）的爱情波折为主线，展示了深刻的社会矛盾。书中的白娘子完全解脱了妖怪气，是一个多情、勇敢，又坚贞不屈的妇女，被法海镇压在雷峰塔下，十六年后，与儿子相会。书中反映的是现实中妇女哀怨的控诉，深刻地揭示了以男性为中心的封建宗法制度对妇女的压迫。

---

① 〔清〕方成培：《雷峰塔》，李玫注，华夏出版社2000年版。

② 阿英：《雷峰塔传奇叙录》，中华书局1960年版。

第一节　描写与应用

《雷峰塔》第十二出“开行”中把茶直接融入情节发展之中，“【正宫集曲·倾杯玉芙蓉】【倾杯序】［生、旦合］日逢黄道喜开张，席列财神相。一会价整整斋筵，烨烨银釭，净净仙茶，馥馥高香。”这里描写了茶，用以衬托日子的吉祥喜庆。“净净”形容茶的质与形，从而突出“仙”字，二者相互映衬，然后进一步发展到气味“高香”，使“馥馥”顺理成章。在此基础上，茶成为“席列财神”的一种氛围烘托，表达对财神的尊重之意。

第十四出“赠符”中直接描写茶的社会作用。“收藏紧密，回家去切莫漏伊知，兰房人懒更静时，茶前酒底，悄然间灌落在他柔肠内，猛然间定迸断他回肠细。”这里所用的“茶前酒底”指喝茶喝酒，不过存在着一定的顺序，所以称为“茶前酒底”。二者联用多具有指代意义，即所有饮用与食用的东西，在故事中很好地衬托了失望伤悲之感，与“借酒消愁愁更愁”具有异曲同工之妙。

还有一种对茶的直接运用，突出了茶在当时社会生活中的重要性。《雷峰塔传奇叙录》之《红梅记传奇叙录》七“瞥见”中有：“又到天竺寺，诋众僧不守清规，打抽丰‘龙井茶一百斤、淡的青笋干五十担’而回。”这里的“打抽丰”指凭着某种关系向官府或富户分润财物。天竺寺中的僧人们打抽丰的目标竟然是茶与青笋干。当然，“龙井茶”在清朝时已经名声大噪，能分润到一百斤龙井茶，已经说明天竺寺僧人的影响力。另外，僧人们向官府和富人分润财物时，把茶作为重中之重的物品，表明了当时茶在寺院生活中的重要性。

第二节　生活状态与社会地位

《雷峰塔》第十三出“夜话”中有：“（贴上）茶香飘紫笋，花蔓缀金钿。呀，娘娘独自在此，官人有事，还没进来。青儿泡得绝好细茶……”这里的“紫笋”指紫笋茶，在唐肃宗年间（757—761）已被定为贡茶，产于浙江省湖州市长兴县水口乡顾渚山一带。这里以紫笋茶的茶香表征一种生活的情趣与状态，与故事情节进展相互映衬。其后谈到小青泡“细茶”也是以茶喻生活状态的用法。这里“细茶”指的是上等好茶，以细嫩为特征。以名茶和上等好茶为载体，展现了当时人们（也包括女性群体）对休闲和高雅的生活状态的理解。

“【虞美人】［旦］慵邀斗草闲烹茗，纤手教郎饮。芬芳直欲沁衷肠，休恋菖蒲北里别家香。窗前笑把檀郎蹴，谁道诸般毒？东家蝴蝶过西家，多恐薄情心性劣于他。”这是《雷峰塔》第十六出“端阳”中的唱词。第一句是对当时女性典型的休闲生活的描述，斗草是一种女性休闲的传统活动，以草为原料，牢且多者为胜。“闲烹茗”则表现了休闲与烹茗间的微妙关系：闲时烹茶，茶以休闲，其悠然自得之意尽显其中。“芬芳直欲沁衷肠，休恋菖蒲北里别家香。”此句用意深刻：茶的芬芳之气沁入对爱情的忠诚之中，无论什么也无法改变它。这里的“菖蒲”指多年生水生草本植物，“北里”指妓院所在地，后代指妓院。“菖蒲北里”指妓院中的香草，代指妓女。因此，这一句以茶为载体表达了当时女性对爱情与婚姻生活的一种美好向往。

第九出“设邸”中有唱词：“【前腔】［丑］谁怜我走堂，添茶送酒，拣菜传汤，朝夜奔来两腿胀。奉承入骨口难张，白水红糖当酒浆。”这是店中侍者的苦诉，他们每日在店中服侍，以致两腿胀痛。服侍的内容以“添茶送酒”和“拣菜传汤”为主，而“添茶”又成为其中最为重要的内容。这一用法至少传达了两方面信息：一是在酒家饭店中，喝茶成为不可缺少的部分，所以侍者的工作量大增，甚至超过上菜送酒；二是茶文化对日常用语产生影响，即在日常用语中把茶作为一种更大范围文化的代言者，这种更大范围的文化即以饮和食为主体的各类相关内容。但唱词中也反映了下层侍者生活之艰难，“奉承入骨”指说软话、奉承之意，这表明了他们地位的低下。“口难张”虽表明他们有着内心自尊，但也无计可施，只能忍气吞声，苦中作乐：“白水红糖当酒浆”。实际上，在茶商业行为中，与茶相关的人员，除了地位低下的侍者外，人们还对茶商的品质不认可。这在白居易的《琵琶行》中也有反映。《雷峰塔》第九出“设邸”中有唱词：“恶狠狠裴航翻欲绝云英，喘吁吁叹苏卿倒赶不上双渐的影。”这是白娘子用另一则故事反衬许宣的无情。据《醉翁谈录》载，双渐与苏小卿相爱，双渐苦读诗书，准备考取功名后向苏家求婚。两年后，苏小卿父母双亡，她本人沦落扬州为娼，双渐至扬州寻访相见。双渐往临川任知县后，小卿被茶商冯魁骗娶，小卿不愿，在金山寺留诗，双渐见此诗，乘船追赶，二人终结为夫妻。这里小卿被茶商冯魁骗亲，虽具有文学加工成分，但也直观反映了茶商社会声誉不佳这一现象。

第三节　女性与茶

《雷峰塔》中反映了女性上茶的社会现象。第十六出“端阳”中有：“娘子，请安睡好了，待我去叫青儿煎好茶，拿来与你吃。”这是白娘子和许宣的对话，表明当时女性煎茶、烹茶已经被社会广为接受。

《雷峰塔传奇叙录》是对涉及雷峰塔的传奇故事的梗概提要，从这些提要中，也能发现关于雷峰塔的故事中（或以雷峰塔为重要故事线索）诸多涉及女性与茶的内容。《柳毅传书传奇叙录》之《橘浦记传奇叙录》二十二“遗珮”中有：“柳船至，两舟同泊一处。柳闻邻舟有莺声，出视，见一女绝色，在船头品茶。恃茶调笑，终至结合。”这是描写女主人公创造情境来“巧遇”柳毅，恰当地运用了茶：“在船头品茶”“恃茶调笑”。这一描述直接展现了女性在公共场合中以茶为载体的活动。

女性献茶一方面说明当时女性社会地位低下，另一方面也说明茶与女性有着密切联系，女性的柔美与茶文化的发展有着密切的关联。所以饮茶、用茶也成为女性极为重要的休闲生活方式之一，成为其社会互动的重要纽带。

《雷峰塔传奇叙录》之《北红拂杂剧叙录》在其“楔子”中也有关于女性以茶为人际互动纽带的描述：“演李靖谒见杨素，红拂献茶，素与靖纵论天下事。”这是女性在互动中献茶的记述。同样，《雷峰塔传奇叙录》之《女昆仑传奇叙录》二十四“诡欢”中有：“［内］第五院美人送醒酒茶，（众接上，净饮介）这茶异常香美。［小旦］是御赐的大龙团。［净］果然有味。”这里用到了女性送上醒酒茶，之后唱词强调了当时“龙团”团饼茶的影响之大。可见，女性在用茶活动中扮演着重要角色，另外，社会中对茶可解酒的功能已经有了较为深入的认知。

（本部分原刊于《中国茶叶》2012 年第 4 期，原题名为《雷峰塔社会文化中的茶》。有改动。）

第十八章　趵突泉与茶

趵突泉位于山东省济南市中心区，面积158亩，是以泉为主的特色园林。该泉位居济南七十二名泉之首，被誉为“天下第一泉”，也是最早见于古代文献的济南名泉。趵突泉是泉城济南的象征与标志，与千佛山、大明湖并称为济南三大名胜。

《趵突泉志》是清代济南历城人任弘远（生卒年不详）所撰，历20余年，至乾隆七年（1742）刊印成书。该志分上、下两卷，上卷主要为宸游、图经志、源流志、基趾志、建置志、沿革志、古迹志、灾异志、人物志、仙迹志、幽怪志等，下卷为艺文志、金石志、额联志等内容，是一部有较高史料价值的地方文献。[1] 其中，也有关于茶方面的史料，大致反映

---

① 参见〔清〕任弘远《趵突泉志校注》，刘泽生、乔岳校注，济南出版社1991年版。

了明朝时趵突泉与茶的种种联系，以及当时济南地区茶文化的发展状况。

明朝刘敕在《跋王用生趵突泉诗》中写道：“历下名泉七十有二，而趵突为最。三株玉树，合昼夜以吐水花；数丈仙楼，摩云霄而通帝座。翠黛环宛虹桥畔，青帘垂挂柳枝头。白雪骚人，每操觚而作赋；玄裳道士，亦负剑以来临。香烟半杂茶烟，树色遥连山色。即蓬阁阆苑，不胜于斯。故游人常多题咏，环壁尽是珠玑。余为诗甚多，恐取揶揄，未敢灾石。京口王用生长歌一章，才华高迈，语句惊人，不作寻常嗫嚅语，无论壁间诸君子不可多得，恐青莲亦逡巡拜下风矣。历下名泉，不藉赖以生色哉？镌之左方，观者其勿易视。”主要介绍了趵突泉的成名原因，其中有两句“香烟半杂茶烟，树色遥连山色”描写了趵突泉泉水奔突形成的烟气状以及周围山、水、树形成的水天相接的景象。这里用了“香烟半杂茶烟”，暗示当时在趵突泉周边已经存在烹茶之事，主要原因可能来自两个方面：一是尝泉观景；二是趵突泉泉水被视为泡茶的上等用水。

王在晋（？—1643），明代官员、学者。字明初，号岵云，江苏太仓人。明万历二十年（1592）进士。王在晋所作《趵突泉四首》的第三首：“银海龙潜气欲骄，翻飞玉浪带冰绡，雷门日击冯夷鼓，帝女时鸣洞岳箫。地辟灵泉疑带雨，风回石坞忽惊潮，酌将清茗甘于露，俗眼尘襟亦可消。”最后两句描写了以趵突泉泉水泡茶的结果：比甘露还要甜美，能够消减尘世庸俗的态度与心理。传统社会对泡茶用水要求很高，文人群体更是如此，从明清诗人许邦才和王在晋的诗中可以发现，在明朝时，趵突泉泉水是极被推崇的，以致被列入最优泡茶用水之列。

早在北宋时，唐宋八大家之一的曾巩就有一首《趵突泉》诗，其诗写道："一派遥从玉水分，晴川都洒历山尘。滋荣冬茹温常早，润泽春茶味更真。已觉路傍行似鉴，最怜沙际涌如轮。层城齐鲁封疆会，况托娥英诧世人。"形象地描述了趵突泉的泉水特点。"滋荣冬茹温常早，润泽春茶味更真"意为在冬天用泉水浇菜，可以促进蔬菜的成长，提前成熟；以它冲泡春茶则味道更加香醇。肯定了趵突泉泉水烹茶的优越性。

关于以趵突泉泉水泡茶的直接记载出现于金朝元好问所作《爆流泉》中，有："以之瀹茗，不减陆羽所第诸水云。"爆流泉，即趵突泉，在《趵突泉志》中，任宏远把元好问所作《济南行记》中，关于趵突泉的这些描述独立成篇，取名《爆流泉》。这一句是元好问把趵突泉之水与陆羽在《茶经》中所列之烹茶用水比较，认为不比其差。《茶经》中所列烹茶用水为："用山水上，江水次，井水下。"所以元好问认为，以趵突泉泉水泡茶应是胜于江水与井水的，不减于山水。

瑞阳台峰熊相在《趵泉秋会次韵》中写道："近地名泉似此无，声如茶浪沸银壶。绣衣晓日云烟润，红蓼秋风渚岸枯。石窦雪花疑蜀道，桥头城市类西湖。倚栏长见游人乐，几度登临兴不孤。”① 这是横嵌在吕祖庙第三大殿东墙门南的一副石刻，长0.74米、高0.45米。诗中第一句交代趵突泉的独特性，紧接着写其声：“如茶浪沸银壶”，把声音形容成茶沸时的声音，这一用法在传统文献中很难见到。之所以作者能有此联想，除了声音确有相像之外，还暗示了以下几点：一是明朝时饮茶之风的流行度极高（作者熊相是明朝人）；二是明朝时饮茶方式以冲泡清饮法为主（“茶浪”及“沸”字可以表现）；三是明朝时趵突泉周边存在着普遍以泉水泡茶的现象（前文的分析以及直接联想）。这些均表明在明朝时趵突泉与茶之间有密切关系。

虞二球的《集饮趵突泉次友人韵二首》中有：“泉称第一古来传，高嘘琼浆注碧天，瀑流涌出云河雪，霡窟飘飏茶向烟。吹弹歌管和危石，吐纳情澜縠漪涟，对酒临流浇浴虑，空明映带锦阳川。济南名胜几多传，独此澄泓水一天，影彻娥姜临晓镜，气蒸沧岱袅轻烟。环腰金线丝丝带，噀口珍珠朵朵涟，莫道涌轮天下少，观澜赢得有蛟川。”这是镶嵌在来鹤桥东水池内南石壁上的一副石刻，高0.64米、宽1.13米。前四句描绘了趵突泉泉水的外观形象，其中“霡窟飘飏茶向烟”可理解为泉水升腾之时引发的水雾状如同烹茶时的情形，把“茶向烟”理解为“烟象茶”。这种联想也反映了趵突泉与茶的密切关系。

---

① 《趵泉秋会次韵》石刻落款为“瑞阳台峰熊相”。熊相，字台峰，明瑞阳人。

明代诗人许邦才在《丁丑春日再过泉亭酒家二首》也反映了这种密切关系。诗中写道："趵突泉头卖酒家，板桥迤逦跨河斜。东风解得丹青意，画出垂杨间杏花。吼雷喷雪更流霞，味比中泠特地嘉。醉后诗脾浑作渴，旋烹雀舌摘藤花!"全诗描绘了关于趵突泉的一幅令人陶醉的画卷，酒家、板桥、东风、丹青、垂杨、杏花、雷、雪、霞、藤花等让这幅画卷充满让人难以抵制的诱惑。但千万不能忽视诗中"雀舌"的存在。"雀舌"这里指嫩茶芽。"醉后诗脾浑作渴，旋烹雀舌摘藤花"指在喝醉酒后，有一种作诗尽兴的渴望，所以就以趵突泉泉水来烹煮上好的绿茶芽，藤花摇曳，美不胜收。这里突出了以趵突泉泉水烹茶的意境——"诗脾作渴""摘藤花"，并把这种意境融入对趵突泉之美的感悟之中，可谓诗中有画，画中有诗，茶衬诗画意，诗画浸茶香。

（本部分原刊于《中国茶叶》2011年第11期，原题名为《趵突泉与茶》。有改动。）

结语：生活中的茶道

——不要在你的智慧中夹杂着傲慢，不要使你的谦虚心缺乏智慧。

巴楚仁波切给他的前世巴给活佛修建了一道有名的嘛呢石墙，一切工作都是由他亲自完成的。

在一个严冬时节，他来到嘛呢石墙附近住下，准备在这里进行禅修。

一天清晨，一个穿着山拨鼠皮破旧外套的小女孩走进了他的帐篷。

巴楚慈爱地问道：“小朋友，这么冷的天为什么还要这么早出来？”

“我家的雌牦牛走失了，阿爸叫我来找它。”小女孩浑身打着冷战说。

这个亲切的老贤者把她拉到自己的身边，亲切地说：“喝些热茶来取取暖吧。”

游牧的藏族群众通常随身携带着他们的木茶碗，将它放在衣袍的褶层里。当巴楚的侍者梭切给她倒茶时，才发现小女孩没有带她的茶碗。巴楚立刻从桌子上拿起自己的木碗，盛满热腾腾的酥油茶和炒熟的青稞粉，递到小女孩的手中。

小女孩露出了迟疑的表情，巴楚的侍者更是惊讶万分，一个普通的小女孩竟然用大喇嘛的碗喝茶，这简直是不可想象的。

在大师的鼓励下，小女孩终于把碗放到了唇边喝了起来，同时本能地将捧着茶碗的双手，在磨得发亮的木碗上取暖。

巴楚仁波切一脸微笑地看着面前的小女孩。喝过茶后，小女孩用她脏兮兮的鼠皮外套仔细地擦拭着大师的木碗。然后，她恭敬地伸出两只冻得红肿的小手，把茶碗捧给巴楚。

“孩子，是不是我的茶碗太脏了，你才想要去擦它！”巴楚风趣地说。随后拿着茶碗给自己倒上了茶。

他派弟子梭切帮忙找她家走失的牦牛。“记得照顾好她，别让她冻着！”巴楚叮嘱道。

（节选自张颢瀚、汪兴国总主编，确真降措仁波切、堪布士丹尼玛仁波切审定：《关于藏传佛教的100个故事》，南京大学出版社2015年版，第186页。有改动。）

主要参考文献

[1]［奥］阿尔弗雷德·阿德勒. 自卑与超越［M］. 曹晚红，译. 北京：中国友谊出版公司，2017.

[2] 崔宁. 心脑奥秘［M］. 杭州：浙江工商大学出版社，2015.

[3]［法］高宣扬. 存在主义［M］. 上海：上海交通大学出版社，2016.

[4] 葛红兵，宋耕. 身体政治［M］. 上海：上海三联书店，2005.

[5]〔春秋〕老子. 道德经［M］. 李若水，译评. 北京：中国华侨出版社，2014.

[6]〔清〕李伯元. 官场现形记［M］. 贺阳校注. 郑州：中州古籍出版社，1995.

[7] 廖育群. 扶桑汉方的春晖秋色：日本传统医学与文化

[M]. 上海：上海交通大学出版社，2013.
[8] 陆益龙. 定性社会研究方法 [M]. 北京：商务印书馆，2011.
[9]〔清〕任弘远. 趵突泉志校注 [M]. 刘泽生，乔岳，校注. 济南：济南出版社，1991.
[10] [日] 荣西，等. 吃茶养生记：日本古茶书三种 [M]. 王建，注译. 贵阳：贵州人民出版社，2003.
[11] 袁刚. 中国古代政府机构设置沿革 [M]. 哈尔滨：黑龙江人民出版社，2003.
[12] 赵国栋. 茶叶与西藏：文化、历史与社会 [M]. 拉萨：西藏人民出版社，2015.
[13] 朱自振，沈冬梅. 中国古代茶书集成 [M]. 上海：上海文化出版社，2010.
[14] 高树林. 元朝茶户酒醋户研究 [J]. 河北学刊，1996 (1).
[15] 罗立刚. 元朝的统一与南北文化的变迁 [J]. 内蒙古社会科学：汉文版，2000 (3).
[16] 王铭玉，于鑫. 索绪尔语言学理论的继承与批判 [J]. 外语教学与研究，2013 (3).
[17] 张弓，张玉能. 反思批判生存美学 [J]. 青岛科技大学学报：社会科学版，2018 (1).
[18] 赵国栋. 西藏察隅边境地区族群文化地理研究——破解“倮茶迷雾” [J]. 西藏民族学院学报：哲学社会科学版，

2014 (4).

[19] LeCompte M D, Preissle J. Ethnography and Qualitative Design in Educational Research [M]. 2nd ed. San Diego: Academic Press, 1993.

附录：小树叶，大乾坤

1 // 茶之名

中国人称呼茶有很强的艺术性。在古代中国人的口中，茶有着非常多的称呼，而每种都有一定的艺术元素在其中，有规律、有特点，而且符合中国传统文化之应有内涵。

我们知道，“茶”这个字是唐代之后才出现并使用的，据说和陆羽有着莫大关系，就是陆羽在写《茶经》时形成的。

中国古代蜀人有“苦荼”之说，也写作“苦樣”，《尔雅·释木·槚》中就写道：“槚，苦荼。”学者们研究后认为，这里所说的苦荼和槚都是指茶叶。这里，茶就有了两种称呼。另外，“荼”单独称呼也是指茶叶，因为有一些研究者认为这个字就是“茶”字的古体字，“茶”字来源于“荼”字。比如清代郝懿竹在《尔雅义疏》里就说，陆羽在写《茶经》时，把“荼”字减了一笔，就成了“茶”字。还有，我们最常接触的“茗”字，除了特指茶叶外，有时还暗示了茶叶的采摘时间，指的是较细嫩的茶芽。比如《说文解字》里就有这样的记录：“茗，荼芽也。”当然，后来也有人用这个字来表示很嫩的茶叶，而不再单单指茶芽。还有“蔎”，这个字出于陆羽的《茶经》，是古蜀西南地区对茶叶的称呼。“荈”也是茶叶的称呼，陆羽在《茶经》中有记载：“其名一曰茶，二曰槚，三曰蔎，四曰茗，五曰荈。”有时这个字与“茶”字和“茗”字合用，比如茶荈也是指茶叶。后来，这个字慢慢地有了特指稍粗老茶叶的意思，就与“茗”相对应了。

但在茶叶还没有真正全面流行的时候，有些人还不适应茶水，反而进行嘲笑。所以，就出现了一种说法，叫作“水厄”。厄指的是灾难、灾害的意思。但是这种说法在历史记载中并不多，说明当时可能只是很少一些人的偏见或个人喜好罢了。

唐朝时，由于把茶叶压制成型，形状多为饼状，所以从那时起有了“金饼”之称。这就是对茶叶价值的一大赞赏。到了宋朝，又有了“龙团”和“凤团”之说，也有的称为“月团”，等等。“龙团”和“凤团”都曾是给皇家进贡的贡茶，声名显赫。“龙团”有时也叫“苍龙璧”，或“苍璧”，显示出和皇家的密切关系。

茶有让人清静无为的倾向，这符合道家精神，但茶可提神醒脑，又符合佛家修身养性、诵经坐禅的要求，所以茶也有“冷面草”之称，又有“清人树”之称。宋代的陶谷在《清异录》中就有记载。

另外，茶有时容易与夜晚产生交集，为什么呢？其原因可能在于文人墨客喜欢在晚上谈古论今或吟诗赏月，有茶相伴，所以也就使美好的夜晚与茶有了关系。比如宋朝时，茶也被称作“不夜侯”，其出自宋朝时的一首诗，诗中说道：“沾牙旧姓余甘氏，破睡当封不夜侯。”诗中说的是茶的提神醒脑功能。

还有，在宋朝的时候，茶也被称作“森伯”，而在元朝的时候，茶又被叫作“凌宵芽”，等等。

茶汤也有专门的称呼，而且更富艺术特色与生活特色。比如茗汁、茗饮，这两个是很常见的称呼。在南北朝的时候，有一种称呼叫“酪奴”。这一称呼有意思，指的是把茶汤作为奶酪的奴婢，也就是茶汤低于奶酪，表现了当时喝茶的人不太喜欢茶汤，而好奶酪。这一名称出现于南北朝时期的北魏，正好与当时人们喜好奶酪的状况相符。

虽然北魏人不喜欢茶汤，但并没有影响绝大多数人对茶汤的喜爱。到了唐宋，又出现了一种名称，叫“花乳”。这个名称的由来是主观感受和艺术加工之后出现的，因为在唐朝时主流的饮茶方式是“煎茶”，也就是把茶先压成一体，要喝的时候再把压到一起的茶叶弄碎成很小的颗粒状，再用水煎煮，煎煮时会出现一些泛起的沫花，“花乳”之名也就由此而来。比如刘禹锡的一首诗中就有这样一句话：“欲知花乳清冷味，须是眠云跂石人。”花乳指的就是茶汤。另外，还有“香乳”之称。宋朝的杨万里在《谢傅尚书惠茶启》中写道：“烹玉尘，啜香乳，以享天上故人之意。”“花乳”和“香乳”都是对茶汤的雅称，也都表达了人们对茶汤的喜爱之情。

其他对茶汤的称号绝大多数是以赞赏为主。“甘露”是我们常听到的词，在唐朝的时候这个词指的是茶汤。另外，“瑞草魁”也是指的茶汤，从字面上就可以看出来，这个名称是对茶汤的莫大肯定，因为把茶视为吉祥之物，且是百草之魁首。还有人称茶为“草中英”，出自五代时郑遨所作《茶诗》，诗中写道：“嫩芽香且灵，吾谓草中英。夜臼和烟捣，寒炉对雪烹。惟忧碧粉散，常见绿花生。最是堪珍重，能令睡思清。”

茶汤中的第一泡在古时有专门的称呼，叫作“隽永”，这显示了第一泡茶汤的独特之处。原因就在于，当时茶汤的第一泡要单独盛放，而不像现在这样去洗茶，然后再用这个隽永来调味或止沸，有时也可单独敬客。陆羽在《茶经·五之煮》中即有记载，他写道：“第一煮水沸，而弃其沫，之上有水膜如黑云母，饮之则其味不正。其第一者为隽永，或留熟（盂）以贮之，以备育华救沸之用。”

人们有时以茶酒并称，在《二刻拍案惊奇》中就有“茶为花博士，酒是色媒人”的说法。茶不但能增添雅趣，还能净心养神，所以除了“茶博士”之外，还有一个雅称，叫作“涤烦子”，指的是除去烦恼忧伤之意。所以有一首唐诗这样写道：“茶为涤烦子，酒为忘忧君。”又是拿茶酒对比，但显然二者所发挥的作用与发挥作用的方式是不同的。

在这里，我们说了这么多的名称，但这些还只是古人对茶称呼的一部分，还有大量的名称我们没有涉及。而且，每一种具体的茶又各有名称，其喻义同样丰富。比如，“蝉翼”，这是产自蜀地的一种茶，说出了这种茶叶以极薄的嫩茶叶制成，是古时的一种名茶；“麦颗”也是产自蜀地的一种名茶，其名称的由来在于所用茶芽细小纤嫩，所以以麦颗来形容。还有对茶芽的独特称呼，比如“茶笋”，就是指的茶芽。陆羽在《茶经·三之造》中写道：“凡采茶，在二月三月四月之间，茶之笋者，生烂石沃土，长四五寸，若薇蕨始抽，凌露采焉。”

茶的名称丰富多彩，在每一个名称背后都有一个故事，而且都蕴含了社会的意义，让人感慨，亦让人沉思。这就是一种生活中的艺术。

2// 茶之食

一般觉得，茶就是用来喝的，但这是一种误解。随着茶叶加工能力的提高，现在已经有了品种丰富的茶食，就是以茶为主要原料加工的各类食品。实际上，在中国传统的茶文化中，人们享受茶的方法已经很多，也并不仅仅局限于喝茶。各种各样的对茶的利用方式，不但表现出茶本身的包容性，而且也体现了中国传统茶人们的探索精神与对生活的热爱。

以前有一种称呼，叫作“茶果”，但在当时它并不是指茶树果，而是对茶与水果的合称。当时人们经常把茶水与水果并称，这种称呼也是招待客人时常用的。比如唐朝的白居易在《曲生访宿》中就有这样的描写：“林家何所有？茶果迎来客。”由于广泛应用于招待客人，所以，有时茶果也泛指各类招待客人用的小点心。

“茶饭”在中国古典小说中是经常见到的一个词，那么它指的是什么呢？比如《红楼梦》中第八十四回中写道：“又读两首，如此茶饭无心，坐卧不定。”根据意思，这里说的茶饭是以茶和饭代指所有饮食。对此，笔者也在《〈红楼梦〉中茶的社会学》一文中做过分析，茶饭与日常生活的存在状态有着密切关系，或者说是对日常生活的一种有力说明。

但，我们不能把“茶食”和“茶饭”等同，二者所指实际上是不一样的。“茶食”在中国传统茶文化中特指的是日常生活中饮用的茶叶，尤其在宋朝的时候，茶叶饮用要经过繁杂的程序，最终把茶饼加工成为末茶，加以水点之。当时在东京（今河南省开封市）周围有许多水磨，就是把茶饼转化为可以作为茶食的末茶而设的，称之为“水磨茶”。因此，“茶食”不同于“茶饭”，它是在特定历史条件下对茶叶饮用方法的一种概括，统指当时的日常饮用茶。但到了后来，一些饮茶时准备的小点心逐渐被称作“茶食”，以致再后来，以茶叶为原料之一加工的各类食品也被称作“茶食”。

中国传统茶文化中与“茶食”用法相近的还有“茶粥”，

有时也称作“茗粥”，指的是汤很浓的茶。一般认为因为这种茶表面会形成一层类似粥一样的薄膜，所以形成了这样的称呼。唐朝的杨晔在《膳夫经手录》中写道：“茶，古不闻食之，近晋、宋以降，吴人采其叶煮，是为茗粥。”这相当于对茗粥的一个解释。唐朝储光羲所做的《吃茗粥作》中就有这样的句子：“淹留膳茶粥，共我饭蕨薇。”同时，宋朝苏轼在他的诗中也用了这个词，他写道：“偶与老僧煎茗粥，自携修绠汲清泉。”当然，“茶粥”这个词后来也演变成茶与粥的融合物，但其加工方法多种多样。

人们常认为，茶与药是有冲突的，所以吃药时不能用茶水送下，吃过药也不要马上喝茶水。一般情况是这样的，但也有例外。比如在传统茶文化中就有“茶药”一词。这个词在中唐以前，一般称为“荼药”，原因就在于“茶”字出现时间较晚。这个词的一个解释是用于作药的茶，这并不难理解，因为茶最初被人们认知和认可的就是其作为药的身份，所以有“万病之药”之称。唐朝末年和五代时期的韩鄂在《四时纂要》中写道：“五月：焙茶药。茶药以火阖上，及焙笼中，长令火气至茶。”这里的茶药就是用于做药之茶。另外，这个词也如同茶果、茶饭一样，是指两样东西，即茶和药。比如唐朝的白居易的诗中就写道：“茶药赠多因病久，衣裳寄早及寒初。”

运用这种表达法的还有“茶酒”，但它的意思却有所不同。《武林旧事》中有这样的句子：“凡吉凶之事，自有所谓茶酒、厨子专任饮食请客宴席之事。”按此分析，这里的“茶酒”指的是一类人，这类人专门代人操办各类宴席，比如婚丧嫁娶，等等。与此相对应，也有以这个词代茶酒司的。另一种意思指的是以茶籽做的酒。

“茶膏”一般指茶叶中渗出的汁液。宋朝的黄儒在《品茶要录》中写道：“茶饼光黄，又如荫润者，榨不干也。榨欲尽去其膏，膏尽则有如干竹叶之色。”但这个词也有别的用法。比如在宋朝流行点茶法，而茶膏在当时也指点茶时撒在茶汤上面的浓茶面。宋朝赵佶在《大观茶论》中这样写道：“妙于此者，量茶受汤，调如融胶，环注盏畔，勿使侵茶。势不欲猛，先须搅动茶膏，渐加击拂，手轻筅重，指绕腕旋……”另外，“茶膏”还指在制作压制茶饼时涂在外表的膏液，这种膏液主要是增进茶饼的美观和减缓氧化速度。比如在宋朝的时候绿茶紧压茶还非常多，这正是茶膏的用武之地。茶膏也称作“珍膏”。比如宋朝的蔡襄在《茶录》中写道：“茶色贵白，而饼茶多以珍膏油其面，故有青黄紫黑之异。”

另外，还有一种称呼叫作“茶苏”，这个词很容易使人误以为它是一种东西，但实际上指的是茶和屠苏，屠苏则指的是酒，所以茶苏是对茶与酒的并称。唐朝时已经有了这种用法。

贡茶在宋朝时已经非常兴盛，当时，贡茶也被称作“茶贡”，也有以茶待客和满足饮茶需求之意。比如宋朝林洪在《山家清供·茶供》中用的“茶供”就是此意。“茶贡”还有一种社会行动的意思，指的是用茶作为祭祀或仪式中的供品，但在使用中这一词却很少出现，更主要用的是其意义。这种风俗得以长时间延续下来，以致一些地方的祭祀或仪式活动中还有以茶为供的形式存在。

我们发现，在唐宋时期，茶已经摆脱了孤立状态，与生活元素紧紧融合到一起，所以也就摆脱了纯粹喝茶的局限，成为日常生活状态的一种描绘。茶中具有的开放精神得以清晰地显现。在日常生活中，虽然茶被放在了日常生活七件事“柴米油盐酱醋茶”的最后，但显然它在日常生活中的意义绝不止于此。也正是由于有了茶的存在，人们的生活更具开放性，在日常生活中展现了微小却有着重要意义的社会生活的创新。以上我们所谈的都可以成为这一结论的注解。

3 // 茶之源

我们知道，茶叶是从茶树上来的，而茶树是从哪里来的呢？这个问题长时间地困扰着研究者们。以前争论较多，有的人认为印度是茶树的原产地，其他地方的茶树都是从印度茶树演化而生的，这一观点在 19 世纪上半叶印度发现野生茶树后得以广泛传播；也有人认为是从东南亚地区产生的；还有人认为茶树是在中国的四川、云南和印度、越南等地同时产生的。但这些观点都站不住脚，茶树的真正起源就是在中国。在经过大量的实地考察研究和对比研究后，学术界逐渐肯定了这一事实。

那么中国的茶树都在哪里呢？我们这里就看一下中国传统社会茶树的种植区域情况。在学术界有一种茶树生态演化区的提法，指的是茶树生态特征演变和范围。《中国茶叶大辞典》中就记载了中国茶树传播的三个方向：第一个是从云贵高原东北，沿金沙江、长江水系向东北方向演化；第二个是从云贵高原中部沿横断山脉中的澜沧江、怒江水系向西南方向演化；第三个是从云贵高原东南，沿南北盘江及元江水系向东及东南方向演化。这三个演化方向相互区别，也相互联系，支撑起了中国传统茶叶产区的“骨骼”。

在魏晋南北朝的时候，中国的茶叶种植还有着较大的局限，主要集中于长江流域的各省份。对当时茶叶种植区记载的文献主要有《茶经》《出歌》《吴兴记》《续搜神记》《桐君录》《坤元录》《夷陵图经》《永嘉图经》《淮阴图经》《华阳国志》，等等。

到了唐朝，茶树的种植区域明显扩大，茶叶种植和生产出现了大繁荣景象。陆羽在《茶经》中列举了主要的产茶区：共八大产区，42 个州。有研究认为，当时中国的茶叶种植区已经和目前的区域相差不多，范围基本一致，遍及云南、四川、陕西、河南、湖北、湖南、安徽、江西、江苏、福建、广东、广西、贵州、海南等省份。

在宋朝时，不但茶饮承续了唐朝时的兴盛局面，而且茶文化出现了繁荣景象。所以茶叶种植区在唐朝的基础上保持了良好的发展，比如把长江流域作为主产区，同时有江南路、淮南路、荆湖路、两浙路、福建路，等等。在《宋史·食货志》中记载了约66个作为产茶区的州郡，但这只是一部分。有研究者认为，当时宋朝的产茶区达110个州郡，划分比唐朝的时候更为具体。

明清时期，名茶已经遍布天下，人们饮茶之盛也达到一个新的高峰，加上清朝的茶叶贸易量非常大，茶产区有了进一步的扩展，产量也有了较大增长。清朝的檀萃在《滇海虞衡志》中有一段关于生产普洱茶的话，他写道："普茶名重天下……出普洱所属六茶山，一曰悠乐、二曰革登、三曰倚邦、四曰莽枝、五曰蛮专（按音转写——作者注），六曰慢撒，周八百里，入山作茶者数十万人。"而且，当时红茶产量增加，产茶区也逐渐按所产茶类大宗进行划分。比如，当时湖北多地以产砖茶出名，而福建则兴起了乌龙茶，安徽的祁门、至德（今安徽省东至县）以及江西的修水、浮梁等地盛产红茶，浙江的杭州、绍兴以及江苏的虎丘等地是著名的绿茶产地，四川的雅安（今四川省雅安市）、天全、名山（今四川省雅安市名山区）、荥经等地是著名的边茶产地，等等。

我们选取一些较为有名的产地做简单介绍。

在江苏省，有历史文献记载的名产茶地有十多个，比如山阳（今江苏省淮安市淮安区）、江宁（今江苏省南京市江宁区）、义兴（今江苏省宜兴市）、苏州（虎丘山、洞庭山），等等。

义兴是今天的江苏宜兴，最初叫作阳羡，在隋朝时才改为义兴。此地是历史上有名的阳羡茶和南岳茶的产地。明朝万历年间的《宜兴县志》载：“南岳山，在县西南一十五里山亭乡，即君山之北麓……盖其地即古之阳羡产茶处，每岁季春，县官亲往祭省于此，然后采以入贡。”可见，当时义兴所产茶叶已经成为贡茶。

苏州在清朝时所产的茶叶也很有名，比如清朝时的《苏州府志·物产》中记载：“宋时，洞庭茶尝入贡，水月院僧所制尤美，号水月茶，近时佳者名曰碧螺春，贵人争购之。”清楚地介绍了苏州所产历史名茶情况。

浙江的历史名茶产地更多，如天目山、日铸岭、龙泓、宝云山、杭州、卧龙山、普陀山、惠明寺，等等。

天目山位于今浙江省西北，分东西天目山，相传两山中央各有一天池，左右相望，所以得名天目山。陆羽在《茶经》中也提到了天目山产茶。民国时的《天目山名胜志》中记载：“茶叶，天目多云雾，山势既高，茶为云雾笼罩，色香味三者俱胜。因之云雾茶驰名中外……”明万历年间的《旧志》也记载了天目山云雾茶的情况，写道：“云雾茶出天目，各乡俱产，惟天目山者最佳。”

日铸岭是一个山的名字，位于今浙江省绍兴市东南，所产茶叶成名与北宋欧阳修的介绍有关，他在《归田录》中写道：“草茶盛于两浙，两浙之品，日铸为第一。”说出了当时日铸所产茶叶质量之高。

龙泓是一个旧村之名，位于今浙江省杭州市西湖凤篁岭下，是龙井茶的主产地。明朝的田艺衡在《煮泉小品》中不但介绍了龙泓之水，而且讲到了龙泓之茶，二者俱佳。他说：“武林诸泉，惟龙泓入品，而茶亦惟龙泓山为最，其上为老龙泓，寒碧倍之，其地产茶为南北山绝品。”可见他对龙泓之水与茶的评价之高。

宝云山也是浙江省的一座山，位于杭州西湖北侧，现在也是龙井茶的主产区之一。清朝的《湖山便览》中这样写道：“宝云山在葛岭左，东北与巾子峰接，亦称宝云茶坞。”这里的“茶坞”指的是种植茶叶的山坞，也叫“茗坞”。所以，湖山便览》中说的也是宝云山的茶叶种植情况。

四川是中国传统社会中茶叶的重要产区之一，而且该产区还有着极为重要的意义，因为向藏族聚居区输入的边茶在相当长的时间内绝大部分来自四川。现在四川的藏茶产业仍然很发达，并且形成了有效的市场运作模式。

蒙山是四川名茶产地，唐朝的白居易在诗中就这样形容蒙山所产之茶：“茶中故旧是蒙山”，可见蒙山茶之早之有名。《元和郡县图志》这样说：“蒙山在县南十里，今每岁贡茶，为蜀之最。”可见当时的蒙山茶质量是相当好的。人们常说的“扬子江中水，蒙顶山上茶”也道出了蒙山茶的妙处。

雅州，大约相当于今四川省雅安市和周边一些地区，在唐朝的时候管辖着雅安、名山、荥经、天全、芦山等地，当时起这个名字的原因可能在于有雅安山之故。雅州是四川最有影响的产茶区，从陆羽的《茶经》至清朝乾隆年间的《雅州府志》均有记载。从宋朝以后，这里就成为边茶的中心产区及贸易区。

邛州，大约设置于南朝，由梁设，其范围比今天四川省的邛崃市要大，1913 年的时候改为邛崃县。邛崃在边茶史上同样有着非常重要的地位，同时也曾出产贡茶。“邛州贡茶，造茶为饼，二两，印龙凤形于上，饰以金箔，每八饼为一斤，入贡。俗称砖茶。”

其他省份和地方的植茶特色和茶叶特点我们不再过多介绍了，总之都体现了丰富的种植地区特色，所以优质茶品比比皆是。

4 // 茶之类

茶叶按发酵程度一般分为六大类：绿茶、白茶、黄茶、青茶（乌龙茶）、黑茶、红茶。其中茶多酚的氧化程度以绿茶最轻，基本没有氧化，其他按上述排序依次加重，红茶氧化最重。由于茶多酚的氧化聚合物随着氧化程度而由浅变深，所以这几类茶汤的颜色也从黄绿色向绿黄色、黄色、橙黄色、红色和红褐色转化。另外，还有在这六大茶类基础上再加工的许多茶叶，每大类茶中又有很多的品牌，所以茶叶的国度是一个丰富多彩的世界，每一个最小类的茶叶都有它独有的特色。

上面我们说的是现代茶叶的类别。在中国古代社会中，茶叶分类还没有这么全，那时人们多是依据自己对茶叶知识的掌握、主观感受或某一类特征对茶叶进行分类，所以分类中既有交叉也有重合。我们可以清晰地感受到中国人在生活中所做的努力尝试，以及他们从生活中获取的灵感和创造性。

唐代陆羽在《茶经·六之饮》中谈到了"粗茶、散茶、末茶、饼茶"这几类。到了宋朝的时候，主要是片茶、散茶两大类。元朝的时候，又根据茶叶的老嫩程度把茶分为芽茶和叶茶两大类。到了明朝，已经有了绿茶、黄茶、黑茶、白茶和红茶之分，到了明末清初的时候乌龙茶出现了，这样六大茶类就全部出现了。

片茶就是我们常说的团茶、团饼茶，也就是紧压茶中的一类，这类茶在中国历史上发挥了重要作用。在唐朝时，紧压茶已经占据重要地位，一般是团状的和饼状的。《广雅》中写道："荆巴间采茶作饼。"这指的就是饼茶。宋朝欧阳修在《归田录》中就介绍了当时的"龙团凤饼"，他写道："茶之品莫贵于龙凤，谓之团茶。凡八饼为一斤，庆历中，蔡君谟为福建路转运使，始造小团，凡二十饼重一斤。"可见当时这种饼茶很小，尤其是小团，二十个才重一斤。但正是这种小小的饼茶却价值极高，需要用金制丝物包裹。这里既有制造的工艺原因，也有与贡茶相关的原因。宋朝皇帝赵佶在《大观茶论》中这样评价道："岁修建溪之贡，龙团凤饼，名冠天下。"可见，在赵佶眼中，龙团凤饼都有这样的高度，对普通人来说，这两者更是名贵之至了。

最初的饼茶是先把鲜叶蒸一下，然后捣碎压制成一定形状，再烘干。可以说唐朝和宋朝是中国传统饼茶的兴盛时期，那时饼的大小也没有统一规定，形状以饼形为主，也有其他形状。唐朝时的饼茶相对简单，饼面也没有什么修饰。到了宋朝，情况发生了改变，宋朝时更加注重饼茶的进贡，贡茶业大兴，比如北苑贡茶就是专门为皇家制作的进贡茶，也是最有名的。此时的进贡饼茶开始在饼面上雕刻各种图案，以增加饼茶的美观度，比如我们所说的“龙团凤饼”就是因茶饼上雕刻有龙和凤的图形而得名。其他贡茶上也都要有吉祥图案，比如“万寿龙芽”“瑞云翔龙”“长寿玉圭”“太平嘉瑞”，等等。

饼茶的兴盛一直持续到明朝之前，明朝的朱元璋于洪武二十四年（1391）颁布了一道圣旨，废除了团饼之贡，不让进贡饼茶了，这对饼茶的生产是一个重大打击；另一方面，茶农却因此而大大减轻了生产进贡茶的负担，也为民间饮茶的发展提供了大好机会。也正是此后，散茶生产得到了快速发展。

散茶也叫作“散叶茶”，指的是由茶叶制作完成，但不压制成型。茶叶开始被人类利用的时候，也是以散状形态出现的。唐朝时，虽然紧压茶是主流，但也有一些散茶，比如蒙顶石花、麦颗、片甲、蝉翼，等等。宋朝时品种又有所增加，比如峨眉白芽、双井白芽、庐山云雾、宝云茶、日铸雪芽，等等。元朝时，散茶呈增加态势，比如探春、次春、先春、紫笋、龙井、阳羡、岳麓，等等。而到了明朝末年，几乎全国各地的产茶区都产有大量散茶。

另外，针对少数民族地区销售的茶叶一般叫作边茶，由于边茶一般较粗，适合熬煮，所以受到少数民族地区人民的欢迎。高原少数民族，尤其是生活于西藏的人们对茶叶情有独钟，一方面，因为那里缺少蔬菜，茶叶可提供大量的身体所需元素；另一方面，因为他们以食肉为主，茶的化脂去腻的功用恰好成为肉食的最好搭档。西藏的酥油茶就是最好的代表之一。所以，对生活在那里的人们来说，茶被称作“雪域黑金”。

还有其他一些分类，比如粗茶，指的是芽叶比较粗老的茶叶；末茶，指的是被捣碎成细碎形状的末状茶；还有芽茶，与粗茶相对，指的是用细嫩的茶芽做成的茶叶。

中国茶叶种类是茶农们和爱茶之人共同创造形成的，是在他们的实践探索中产生的，更是其主动创造的结果。茶类从单一到丰富，从简单加工到复杂加工，再到后来的直接冲泡，都显示了茶文化中中国人的创新精神。

5// 茶人之称

在中国传统社会中，以茶叶和茶文化精神为中心形成了多种茶人群体，这些群体中的人，不管身份地位和职业分工有什么差别，也不论是贫困还是富裕，他们都一如既往地从事着与茶相关的工作，为中国茶产业与茶文化的发展做出了积极的贡献，成为中国茶文化中为茶而奉献的人。

在中国茶文化圈子中，最常用到的一个形容那些与茶相关的群体的词叫作“茶人”，现在我们一般以这个词形容喜欢喝茶、喜欢茶文化，或者从事茶产业种植、生产、加工或贸易的人，甚至也可以指在某一方面与茶有着一定联系的人。

但在中国传统茶文化中，茶人是有特指含义的。比如白居易在《谢李六郎寄新蜀茶》中就写道：“不寄他人先寄我，应缘我是别茶人。”白居易在这里说的“茶人”意思是懂茶与精于茶艺、茶道之人。茶人在唐朝时还指采茶之人，陆羽在《茶经》中就有这样的用法，说的是采茶之人背着茶篓采摘茶叶。这种用法一直流传下来，我们现在说的茶人也包含“采茶人”的意思。明清时，采摘茶叶的以女性为主，因此有“春山三二月，红粉半茶人”之说。在“采茶之人”的基础上，这个词的意思又有了进一步扩充，指“全部的茶叶生产者”，唐朝时，这个层面的意思已经出现。

另一个常听到的词就是“茶客”。这个词在清朝的时候也有“茶叶生产者”的意思，但是特指赁山种茶的茶农。宋朝的时候，茶客指的是贩卖茶叶的商人，宋代林逋在《无为军》中写道：“酒家楼阁摇风旆，茶客舟船簇雨樯。”这一用法延续到清朝，民国时期也有人把茶叶商人称为“茶客”。明朝时，散茶生产与饮用量大增，泡茶法流行，大大方便了普通人的饮茶需求，因此，此时的“茶客”也有了“在茶店里喝茶者”的意思。

那么，对那些种植茶树、生产茶叶的农民怎样称呼呢？宋朝的时候，“茶户”一词已经广泛使用，有时也叫作“园户”，特指那些种茶的农户。比如《宋史·赵开传》中就记载了茶户和他们的组织形式，写道：“茶户十或十五共为一保，并籍定茶铺姓名，互察影带贩鬻者。”可见当时茶户生产并非完全独立，官府使单个的茶户形成相互监督，附有连带责任的“保”，这样更有利于管理。苏轼在《新城道中》（之二）有这样的诗句：“细雨足时茶户喜，乱山深处长官清。”道出了茶户对茶叶丰收的热切希望。

但“茶户”这个词在后来的演变中也产生了其他的用法和意思，比如宋朝时针对专制贡茶的人，也直接称为“茶户”，这里就有了特指的意思。而到了元朝，茶户的所指就突破了专门种植茶叶的范围，也包含了专门开展茶叶经营的商户经营主体。到了明朝的时候，这种用法仍然沿用。

对专门种植茶叶的群体的称呼，我们最熟悉的应该是“茶农”这个词，但这个词广泛应用的时间比较晚，以前还是以“茶户”称呼的比较多。“茶农”一词在民国时期使用的频率增加，多把茶商和茶农并称。

茶农群体进一步划分，把专门采制茶叶的人称为“茶工”。这一称呼自宋朝时已经存在，比如赵佶在《大观茶论》中就有这样的记载：“用爪断芽，不以指揉，虑气汗熏渍，茶不鲜洁，故茶工多以新汲水自随，得芽则投诸水。”说的是茶工采茶的方法，以及采摘时如何使茶保鲜保洁的方法。明朝的时候，茶工”这个词更多指的是茶叶加工者，比如明朝的《茶录·焙茶》中的茶工就是指的茶叶加工者。其中写道：“茶采时，先自带锅灶入山，别租一室，择茶工之尤良者，倍其雇值，戒其搓摩……”当时，技术好的茶工是很受欢迎的。

由于宋朝的贡茶已经非常发达，向朝廷进贡的贡茶数量也非常大，因此，催生了专门采制和专门解送贡茶的夫役，前者称为“研茶丁夫”，后者在明朝之后被称作“茶夫”。

研茶丁夫特指宋朝时在贡焙中采制贡茶的人，当时不但对他们的采制技术有着极高的要求，而且对着装、形体等均有要求。比如，《宋太宗实录》中就记载道：“至道二年（996年），建州每年进贡龙凤茶。先是，研茶丁夫悉剃发须，自今但幅中洗涤手爪，给新净衣，敢违者论其罪。”足见采制贡茶对这些研茶丁夫的极高要求，当然这也是一种皇家权威的表征。

至于茶夫，明朝的徐𤊹在《茶考》中介绍了元武夷御茶园在明初不再向朝廷制团饼贡茶后，开始生产散茶进贡，他说数量每年有990斤。而押送这些散茶的人就是茶夫。

除了因贡茶采制形成的群体外，还有许多其他的由劳动人民组成的与茶相关的群体。比如，茶役指的是有关茶务的劳役；茶商军指的是宋朝时用茶商茶贩等组成的军队，这在《宋史·郑清之传》中有记载；茶师指手艺高超的制茶师傅；

茶僧指寺庙里专门司茶的僧人，也指擅长于茶艺、茶道的僧人，还可以指“茶瓢”，是一种趣称；等等，不胜枚举。

另外，在中国茶文化史中，有一个人占据着极为重要的地位，也就是我们常称作“茶仙”的陆羽。在中国传统茶文化中，陆羽有许多称号，或雅称。除了“茶仙”之外，他还被称作“茶圣”“茶神”“茶博士”“茶颠”，等等。茶圣指的是陆羽茶中圣人之地位，而茶神指的是他对茶叶精通至极。《新唐书·陆羽传》中对此有记载，书中写道：“羽嗜茶，著经三篇，言之源、之法、之具尤备，天下益知饮茶矣。时鬻茶者，至陶羽形置炀突间，祀为茶神。”说明了陆羽“茶神”名号的由来。后来，慢慢地，“茶神”这个词成为茶叶生产地、茶叶生产者和经营者信奉的保佑茶事的神仙。另外，明代的张源在《茶录》中也用“茶神”指代茶叶的精华及其纯正。

“博士”一词起源于战国时期，比“茶博士”的出现要早许多。“茶博士”这个称呼较早出现于《封氏闻见记》中，讲述了陆羽受邀而“身着野服”，结果受辱，愤写《毁茶论》一事，其中的茶博士就是指陆羽。到了宋朝的时候，由于茶馆业大兴，茶馆里的伙计也非常多，这个词也就成了形容这些茶店服务人员的雅称。

陆羽还有一个称号，因为他过于嗜茶才得此称号——“茶颠”，也称“唐之接舆”。宋朝的苏轼在《次韵江晦叔兼呈器之》中写道：“归来又见茶颠陆。”这个茶颠就是指陆羽。

程用宾在《茶录》中进一步解释了为什么陆羽被称为“茶颠”，他说：“陆羽嗜茶，人称之为茶颠。”说的是陆羽爱喝茶。至于“唐之接舆”，说的是陆羽的狂放不羁。接舆，是春秋时代楚国著名隐士，姓陆，名通，字接舆，因对时政不满，所以剪掉头发假装发狂，故有“楚狂接舆”之称。

当时的唐朝，陆羽与许多人都是茶友，包括书法家、文学家、政治家等等。那时，这种一起喝茶论茶的朋友叫作“茶侣”。明代陆树声就有一部名为《茶寮记·茶侣》的作品，其中写道：“翰卿墨客，缁流羽士，逸老散人或轩冕之徒，超轶世味者。”这些人被他称为“茶侣”。这些人指的是文人、僧道、处士、官僚等四大类群体，而且还必须具备超脱之境界，才可称为茶侣。

由于茶叶在传统社会中是重要的社会财富，所以除了上面我们谈到的一些群体和人物之外，还有一些扮演反面角色的群体和人物。比如，偷采茶叶或者偷卖茶叶者，称之为“茶贼”，也叫“茶寇”。还有一类与茶贼从事的行当相似的群体，叫作“茶盗”，这类人特指唐朝末年的时候，冒充茶商或者同时扮演茶商和强盗的角色的人。因为这些人常常在长江上劫掠，所以也被称为“江贼”。杜牧在《上李太尉论江贼书》里说到了关于茶盗的情况：有两三条船上均有上百人，少的一条船上也有二三十人，这些人有的与茶商勾结，把抢来的财物运到产茶区换购茶叶；有先以盗的身份去获取钱财，再以商的身份获取茶叶，得到茶叶后，再转化为茶商和平民。

由此可见，茶盗是一群以茶为生的人，他们生活于体制的边缘，又在体制与规范的间隙获取利益。虽然他们被称为盗，但是他们热衷于茶，以茶谋生。

无论是哪类群体，他们都与茶叶有着千丝万缕的联系，茶叶是他们生活的纽带与核心，他们把自己的生活寄托于茶叶上，把爱好寄托于茶叶上。茶叶也让他们有了自己生活的灵魂，让他们有了生活的勇气与目标。这，在中国传统社会的茶人群体中都得到了体现。

6 // 茶之用

种植茶叶和开展茶叶贸易是中国传统社会的一大特色，中国茶让世界好奇；同时，中国也是喝茶与用茶的文明古国，是世界饮茶之风的形成地与推进地。在喝茶与用茶中，中国人把生活的气息与德行操守融于其中。

人们在喝茶的过程中，发现茶可使人益寿延年，振精神，去病疾，所以就逐渐有了“茶寿”之说。茶寿指的是108岁，指人长寿健康。关于茶寿的由来，哲学家冯友兰在《三松堂全集》中写道：“谓一百零八岁生日为茶寿。以茶字像艹加八十八也。”可见，茶寿的由来是把“茶”字拆解后得出的。

茶与酒一直是中国人生活中最重要的两种饮用物，早在魏晋的时候，就已经出现了一种提法：“以茶代酒”。以茶代酒不是指完全把酒换成茶，而是指在饮酒的场合不喝酒而以饮茶代之。《三国志·韦曜传》里记载了吴主孙皓能喝酒，沉迷酒色，韦曜不能饮酒，所以以茶代替。后来就逐渐形成一种风气。宋朝的杜耒《寒夜》诗中写道："寒夜客来茶当酒，竹炉汤沸火初红。"

自古以来，中国人就有以茶会友的不成文规矩，尤其在文人雅士之中更是如此。这一风俗在唐朝时就已经非常兴盛，文人雅士们常常以茶为纽带齐聚一堂。而陆羽也与许多文人雅士是非常好的朋友。唐朝的大书法家颜真卿与另外五位文人雅士在月下啜茶畅谈，并留下了《五言月夜啜茶联句》一诗。该诗由这六人共同完成。全诗如下：

泛花邀坐客，代饮引情言。（陆士修）

醒酒宜华席，留僧想独园。（张荐）

不须攀月桂，何假树庭萱。（李崿）

御史秋风劲，尚书北斗尊。（崔万）

流华净肌骨，疏瀹涤心原。（颜真卿）

不似春醪醉，何辞绿菽繁。（皎然）

素瓷传静夜，芳气清闲轩。（陆士修）

明代朱权在《茶谱》中用精练的语言概括了以茶会友的精华之处，他写道："凡鸾俦鹤侣，骚人羽客，皆能去绝尘境，栖神物外，不伍于世流，不污于时俗。或会于泉石之间，或处于松竹之下，或对皓月清风，或坐明窗净牖，乃与客清谈款话，探虚玄而参造化，清心神而出尘表。”可见在朱权看来，所谓的茶友就是那些具有高雅情趣，且能够融于大自然，并在其中参悟人生与天地奥妙的人。

很久以前已经有“茶会”一词，这个词在中国传统社会中是一个多义性质的词语。第一个意思指的就是文人雅士们聚会饮茶、谈天论道的社交活动。茶会一般要在新茶上市后进行，因为在唐朝时，茶叶以绿茶为主，刚刚采摘的茶叶新鲜，口感正好，这正是绿茶的特点。第二个意思特指旧时商人们在茶楼聚会，边饮茶边谈生意，是开展生意谈判的一种特定形式。第三个意思是社交性质的聚会，这种聚会以饮茶和食果点为主。

还有一些针对某类特定群体的茶会，反映了当时社会群体的生活状态，比如“太学生茶会”是流行于北宋时期的太学生中的社交活动，朱彧的《萍洲可谈》中记载：“太学生每路有茶会，轮日于讲堂集茶，无不毕至者，因以询问乡里消息。”茶会成为人们传递消息和互致问候的重要媒介。

与茶会相对应，有一种叫作“茶宴”的社会活动，指的是以茶宴请、款待宾客。按史书记载，茶宴可追溯至三国时期的“以茶代酒”。在许多史料中都有关于茶宴的记载，比如《晋中兴书》《晋书·桓温传》，等等。“茶宴”一词的正式出现，一般认为是在南朝宋山谦的《吴兴统记》中，其中写道：“每岁吴兴、毗陵二郡太守采茶宴会于此。”在唐朝时，以茶为宴聚集许多文人雅士，这与茶会相似，参加茶宴被视为清雅风流的行为。比如唐朝的钱起就在《与赵莒茶宴》中这样写道："竹下忘言对紫茶，全胜羽客醉流霞。尘心洗尽兴难尽，一树蝉声片影斜。"生动地描绘了茶宴参与者们的清雅心境与人生取向。与此诗相类似的还有许多，比如唐朝鲍君徽所做的《东亭茶宴》中就有"坐久此中无限兴，更怜团扇起清风"之句。到了宋朝，点茶法盛行，饮茶与文人墨客、达官显贵之间的关系更为紧密，茶宴更多。许多文献史料对宋朝茶宴都有记载，比如《太清楼特宴记》《延福宫曲宴记》中均有宫廷茶宴的记载。宋徽宗赵佶嗜茶，对茶宴和茶文化更有研究，他曾经在皇宫大设茶宴，赐赏群臣。蔡京在《延福宫曲宴记》中记载，当时赵佶"亲手注汤击拂"，可见这个皇帝对茶宴的喜爱，对点茶文化的痴迷。明清两朝延续了茶宴惯例。从清朝乾隆开始，每年的元旦之后三天举行盛大茶宴，地点一般定在重华宫。重华宫是乾隆皇帝十分重视的一个宫殿，名字是大学士张廷玉等所拟，意思是颂扬乾隆皇帝有舜之德，继位名正言顺，能使国家有尧舜之治。"重华"二字出自《尚书·舜典》："此舜能继尧，重其文德之光华。"意喻理想的太平盛世。

"茶道"是我们经常听到的一个词，很多人把茶道视作茶文化的全部，也有的认为其与"茶艺"等同，其实这些都是误解。"茶道"这个词是在中国传统黄老之术基础上，结合中国饮茶、用茶的历史与特点形成的。黄老之术以老子的"道"为中心，老子说："人法地，地法天，天法道，道法自然。"

这就是对道的一种哲学性解读。道与现实生活方式和态度结合，就有了生活中的道。“茶道”就是这样而来的。当然，中国传统茶文化的发展是茶道原始形态的另一个基石，只有道而无茶，绝不会形成茶道。

在《中国茶叶大辞典》中，对茶道中的“道”给了三种解释：一是指宇宙的本原；二是指事理的规律和准则；三是指技艺和技术。所以，“茶道”这个词本身就有着不同的层次。总体而言，我们一般认为茶道指的就是以茶为契机的综合文化活动，进而发现和展示茶与茶文化的内在世界和它与人们生活的内在联系。虽然广义的茶道是个非常广的范畴，但还是要与“茶艺”做些区分。茶道更强调精神层面或通过外在表现精神层面，而茶艺则更强调艺术性与外在性。

茶道起源于中国，并从海路、陆路向外传播，直接影响了韩国茶道与日本茶道的产生与发展方向。茶道在形成与发展的过程中，融入本地区和本民族的特色，涉及道德、哲学、宗教以及生活和艺术等各个方面。中唐时期的诗僧皎然在《饮茶歌诮崔石使君》中写道：

越人遗我剡溪茗，采得金芽爨金鼎。
素瓷雪色缥沫香，何似诸仙琼蕊浆。
一饮涤昏寐，情思朗爽满天地。
再饮清我神，忽如飞雨洒轻尘。
三饮便得道，何须苦心破烦恼。

此物清高世莫知，世人饮酒多自欺。

愁看毕卓瓮间夜，笑向陶潜篱下时。

崔侯啜之意不已，狂歌一曲惊人耳。

孰知茶道全尔真，唯有丹丘得如此。

这首诗在中国茶文化中有着重要影响，是诗僧皎然同朋友共同品赏越州茶时的即兴之作。其内容是对中国茶文化及其内含之精神与生活进行的归纳和升华。最后一句直接使用了“茶道”二字，并以此二字把前面的描述与归纳进行了升华，得出了中国茶道的意境：只有神仙才能真正领悟。

随着饮茶之风的盛行，中国的茶文化和饮茶风气逐渐向外传播，这一现象从唐朝时渐浓。比如唐朝的封演在《封氏闻见记》中写道：“古人亦饮茶耳，但不如今人之溺之甚。穷日尽夜，殆成风俗。始自中地，流于塞外。往年回鹘入朝，大驱名马，市茶而归。”这是对中国饮茶用茶之风向塞外传播的记载，在中国茶文化史中叫作“茶风出塞”，多指饮茶用茶之风由南方向西北各地的传播。通过茶文化的传播，汉族与周边少数民族之间加强了联系，并使生活习惯与风俗相互影响，形成互补。

茶文化与佛教文化有着密切联系，自东汉佛教传入中国，茶便开始了与佛教文化的交融。到了魏晋时期，江南寺庙中的僧人们形成了尚茶的风气。隋唐时期进一步发展，北方僧人饮茶用茶开始增多。慢慢地，各大寺院中都设有专门饮茶的地方和集体饮茶的器具，比如茶寮、茶室、茶壶、茶碗等等。唐朝的刘禹锡在《西山兰若试茶歌》一诗中写道：

山僧后檐茶数丛，春来映竹抽新茸。

宛然为客振衣起，自傍芳丛摘鹰觜。

斯须炒成满室香，便酌砌下金沙水。

骤雨松声入鼎来，白云满碗花徘徊。

悠扬喷鼻宿酲散，清峭彻骨烦襟开。

阳崖阴岭各殊气，未若竹下莓苔地。

炎帝虽尝未解煎，桐君有箓那知味。

新芽连拳半未舒，自摘至煎俄顷馀。

木兰沾露香微似，瑶草临波色不如。

僧言灵味宜幽寂，采采翘英为嘉客。

不辞缄封寄郡斋，砖井铜炉损标格。

何况蒙山顾渚春，白泥赤印走风尘。

欲知花乳清泠味，须是眠云跂石人。

刘禹锡用轻灵的文字把山中僧人如何种茶、采茶、炒茶、制茶以及如何泡茶、饮茶的过程描绘得栩栩如生，反映了当时寺院僧人对茶叶种植、研究以及加工等方面的投入和取得的成绩，对中国茶文化的发展起到了重要的推动作用。人们耳熟能详的“自古名寺出名茶”诠释了佛教与中国茶文化的关系。出自寺院的名茶更是不胜枚举，如唐朝时的方山露芽、蒙顶石花、洪州西北白露、蕲州蕲门团黄，宋朝时的西山水月茶、天目山茶、会稽日铸茶、洪州双井白芽，等等。笔者曾在《茶与藏传佛教》一文中介绍了茶与藏传佛教的密切关系。

正因为如此，中国有“茶禅一味”这一佛家用语，同时也是茶文化用语。据史料记载，“茶禅一味”原来是宋朝克勤禅师（1063—1135）书赠来中国参学的日本弟子的四字真诀，现在收藏在日本奈良大德寺中。关于“茶禅一味”有许多典故，比如赵州“吃茶去”，道出了茶禅的内在佛学大义。大约在南宋乾道年间（1165—1173），日本僧人荣西带茶回日本，并著有《吃茶养生记》，把饮茶与修禅相结合，日本茶道逐渐形成。

那么，我们再看一下中国人以前的饮茶方法。在茶叶最初被发现时，是以嚼服方式被人们利用的，目的也并不是为了解渴生津，而是把茶叶作为一种药材，医病救人。到了汉晋时期，出现较多的是“煮茶”，方法是直接把茶叶投入锅中用水煮。比如西晋郭义恭的《广志》中记载：“茶丛生，真煮饮为茗茶。”南北朝时期的《魏王花木志》记载，茶“可煮为饮”。直到中唐的时候，还有一部分地区保留着煮茶的习惯。唐朝时，人们开始真正把水和茶相联系，也把中国的饮茶提升到了一个艺术的高度。唐朝的主流饮茶方式称作“煎茶”，是用水煎熬茶汤。陆羽在《茶经》中也极为支持煎茶之法。煎茶法先取茶饼，把茶饼在火上炙烤，用茶碾将其碾碎，再用茶罗罗筛，最后将茶饼加工成细末颗粒状待用。陆羽《茶经》中的程序是：把水加入到壶中烧沸，待到第一沸，即“沸如鱼目，微有声”时，加入适量的盐调味；待到第二沸，即“缘边如涌泉连珠”时，舀出一些沸水置于旁边，用器具搅动壶中之沸水，使中间出现小涡，再用茶则量取罗好的茶末颗粒投入水涡，同时均匀搅动；第三沸者，即“势若奔涛溅沫”，把置于旁边的二沸之水慢慢倒入三沸水中，使其停沸并产生“沫饽”，沫饽多者为上；最后用茶瓢进行分茶，要做到各碗中的沫饽均匀。这种煎茶法还有进一步的分类和操作方式，比如宋朝的苏辙在《和子瞻煎茶》中就提及三种煎茶法：第一种是“西蜀法”，该法不煎茶，所以茶汤生涩感较重；第二种是“北方法”，该法向茶汤中加入大量的调味品；第三种就是我们前面介绍的陆羽所述的“煎茶法”，苏辙形容道：“铜铛得火蚯蚓叫，匙脚旋转秋萤光。”

煎茶是唐朝饮茶文化的集中体现，明朝的高濂在《遵生八笺》第十一卷中记载了煎茶四要素，是对唐朝煎茶技术性和艺术性的一个总结。他所说的“四要素”指的是：择水、洗茶、候汤和择品，说的是水的选择、煎茶之前的茶叶处理、茶汤的烹煎以及茶具的选用四个方面。

到了宋朝，唐朝的煎茶逐渐被技艺性更高的点茶所取代，点茶成为社会主流的饮茶方式和技术。关于点茶的具体操作，蔡襄在《茶录·点茶》中这样记载：“钞茶一钱七，先注汤，调令极匀；又添注入，环回击拂，汤上盏可四分则止。”点茶同样使用茶饼，这与煎茶一样，然后再行加工成粉末状使用。关键技术包括：炙茶，就是用炭火把茶饼烤热；碾茶，就是用茶碾把烤热的茶饼碾成粉末；罗茶，就是用绢罗筛茶净化；候汤，就是选水和烧水；熁盏，就是用开水洗茶盏；点茶，就是以沸水点注茶末。点茶用到的器具更为丰富，主要有茶焙、茶笼、砧椎、茶钤、茶碾、茶罗、茶盏、茶匙、汤瓶等。一般认为，上好的点茶出的茶色要以纯白为好，调制的茶浓稠度要适当，味要真，不能有杂质，等等。

另外，在中国茶文化中，还有一个名词"熬茶"，该词有三个意思。第一个意思是向水中加入相应辅料煮成的茶汤，比如清朝阮葵生在《茶余客话》第十卷中就有这样的记载："芽茶得盐，不苦而甜。古人煎茶必加姜盐……今内廷皆用熬茶，尚有古意。"第二个意思是中国西部高原地带，尤其是西藏的一种饮茶方法，西北，尤其是青藏高原以饮砖茶为主，但是因为海拔高，水温达不到100℃就沸腾了，所以用水冲泡砖茶很难泡出茶汁，熬茶就成为最主要的方式。其方法是把砖茶捣碎放入锅中，再直接用水熬煮出茶汤。第三个意思是蒙古族和藏族等少数民族到藏传佛教寺院礼佛布施的俗称，也称为"熬广茶"。

中国有许多少数民族都有着自身独特的饮茶与用茶文化，这些文化既有汉族茶文化的元素，也有自身的民族特色，它们相互交融，共同发展。

"擂茶"是中国少数民族喜欢的一种茶，也有许多种类，比如流行于湖南桃江一带的桃江擂茶、流传于湖南安化一带的安化擂茶、流行于江西临川一带的临川擂茶、流传于福建将乐一带的将乐擂茶、流行于江西南部农村的赣南擂茶以及流行于川、黔、湘、鄂交界的土家族擂茶，等等。土家族擂茶的制作，一般先要把茶叶、生米（或米仁）和生姜按个人的口味配制比例，然后用擂钵用力捣研，使其成为糊状，把这捣成的糊倒入锅中加水煮沸，擂茶就做好了。土家族人把擂茶视作一种日常饮料，招待客人、亲友都会使用擂茶，而且，在平时吃饭前，人们也喜欢喝上一些擂茶。

酥油茶是藏族群众最喜欢的饮料之一，也是西藏最具特色的饮用物之一。酥油茶是这样做成的：把砖茶等紧压茶捣碎，放入锅中加水熬煮，一定时间后把浮茶滤掉，把茶汁倒入茶桶（董莫）内，再加入酥油和盐，充分搅拌，把搅拌好的酥油茶放入茶壶中，再把茶壶放在文火上保温，这样就可以随时喝了。

有许多民族的群众都喜欢喝奶茶，比如蒙古族。蒙古族的奶茶主要流行于蒙古族聚居区，以前他们以牛羊肉为主食，吃的蔬菜很少，茶叶就成为他们弥补蔬菜供应不足的办法。原料也是砖茶、食盐，另外还有羊奶或牛奶。先把砖茶捣碎，然后用铜壶熬煮出茶汁，虑去浮茶，再加入羊奶或牛奶和少量的食盐就可以了。

佤族的竹筒茶是流行于佤族聚居区的一种茶。除了有茶叶外，还要用到竹子，所以称为竹筒茶。制作方式是这样的：

准备一段青竹子，除去竹节的一端，然后把新采的未经过加工的茶叶直接放入竹筒中，再把竹筒放在火上烤，直到竹筒中散发出融有竹香的茶叶的清香味道时，把茶叶取出，放入杯中用沸水冲泡饮用。也可以加入少许的盐，这样味道就更为独特。使用竹筒是佤族的一种习惯，比如其制作的竹筒饭、竹筒酒等，因此，竹筒茶也是他们这种文化的一部分。另外在云南南部的傣族聚居区、云南拉祜族聚居区也有饮用竹筒茶的习俗。

在西北地区的裕固族聚居地，还流行着一种餐饮方式，叫作“三茶一饭”。指的是当地人每天只吃一次饭，却要饮三次茶。那里的群众以牧民为主，牧民们每天一大早就要煮好茶，加入牛奶和盐，调好，这就是早茶；中午的时候加些烫面烙饼，就是午茶；下午还要这样喝一次，就是晚茶。到晚上时，放牧归来，全家才吃一次晚饭。

在中国传统茶文化中，喝茶与用茶是其重要组成部分，体现了不同的群体和不同民族的生活特色，也体现了他们对生活的态度，茶既是他们生活不能缺少的东西，也是他们最亲密的朋友。

7 // 茶之仪

传统的中国社会，茶叶是人们生活中的一种特殊的而又被普遍接受的纽带。所以茶在人际往来中使用得尤其广泛，各种各样的礼仪中也要有茶叶的参与。比如家里来了客人要敬茶，这就是我们平时常说的以茶待客。这一风俗习惯在魏晋的时候已经出现了，比如《晋中兴书》中就有在待客中“所设唯茶果而已”的记载。到了唐宋时期，以茶待客已经成为非常普遍的现象。宋朝的《萍洲可谈》中记载道：“今世俗，客至则啜茶……此俗遍天下。”说的就是宋朝时以茶待客的普遍性。

除了以茶待客外，茶也能够逐客，这也是茶在礼仪关系中作用发挥的一个方面。比如明朝朱国桢的《涌幢小品》第十三卷中记载了明初的时候有个叫王琎的人，他在洪武初年任宁波知府，别人用鱼肉款待他，他叫人把这些好吃的给埋掉，所以有人称他是“埋羹太守”，有给事前来谒见，奉上茶，他却大呼“撤茶”，也就是以撤茶来逐客的意思，所以他又有了“撤茶太守”的称呼。

下面我们专门介绍一下茶叶在婚姻习俗中运用。关于茶叶与婚姻关系，早在唐宋时期已经有了许多记载，可称之为“婚姻茶俗”。比如宋朝大诗人陆游在《老学庵笔记》中就记载了一些少数民族的婚姻茶俗。宋朝的《梦粱录》第二十卷的《嫁娶》中记载了当时杭州的婚姻茶俗，男方向女方送的定礼中必须要有茶叶。到了明朝的时候，茶与婚姻的关系又得到进一步升华，郎瑛在《七修类稿》中交代了二者之间的关系，他写道：“种茶下籽，不可移植，移植则不复生也。故女子受聘，谓之吃茶。又聘以茶为礼者，见其从一之义。”以茶喻婚姻、爱情的坚贞，始终如一。另外，茶树常绿，传统茶文化中也以茶树喻爱情如常青树一样。现在，在浙江、江苏、安徽等许多地区都还保留着婚姻茶俗，在订婚、受聘礼、婚宴、行婚礼等许多环节都要使用茶。

以前汉族有一种叫作“三茶”的婚姻茶俗，流行在江浙一带。三茶指的是订婚时的“下茶”，结婚时的“定茶”和同房时的“合合茶”，但后来这种风俗已流传不多。另一个是流传于湖南一带的三茶，提亲的时候要用茶，这种茶中要加糖；男子上门相亲的时候，姑娘送一杯清茶，男方把茶喝完后，再放一些贵重的东西入空茶杯送还姑娘，如果姑娘收了这个杯子和里面的东西，则表示有意；入洞房前，把红枣、花生、龙眼等泡在茶水中，并加入适当冰糖，用来招待宾客，其用意是早生贵子、跳龙门。

我们再看一下婚姻茶俗中的细节问题。“茶礼”又叫“下茶”和“聘礼茶”，也就是定亲时的聘礼。比如清朝的阮葵生在《茶余客话》第十九卷中就记载道：“珍币之下，必衬以茶，更以瓶茶为赠亲友。”这里说的是在所下聘礼中，一定要有茶，而且还要将这些茶分赠亲友们。当时所下的茶礼要求是上等茶，而且要用两个瓷瓶分开装，取“成双成对”之意。女方家再把这些茶叶分赠给亲朋好友。这样做的目的，就是借茶祝福婚姻坚定不移，夫妻白头到老。正是由于茶叶在结婚、定亲中发挥着重要作用，所以，在清朝婚姻风俗中，茶叶甚至比金银财宝更重要，更有代表意义。清朝的福格在

《听雨丛谈》卷八中写道："今婚礼行聘，茶叶为币，满汉之俗皆然，且非正室不用。"对汉族、满族而言，以茶为聘礼是通用的，茶叶取代了普通的货币聘礼，而且只有正室才能使用茶礼。由于这种文化影响很大，深深嵌入人们的婚姻观念之中，所以有时候即使在聘礼中没有茶，但也把下聘礼称作"下茶"。如果姑娘收了茶礼，那就表示有意；但如果有多家提亲，并且都下了茶礼，这时女方一定要选择一家，而不能收下两家或两家以上的茶礼，否则就被视为不道德的行为。

下了茶之后，在结婚的当天，新郎要到女方家里接亲，接亲的时候，还要用到茶叶，这叫作"坐茶"。清朝的《归安县志》里面记载："婿至，主人使亲族子弟迎入，升堂并拜，谓之'拜厅'；主人以茶果款婿，谓之'坐茶'。"这里记载的是接亲时女方的款待事宜，用茶果款待新郎，"坐茶"之后新郎就可以把新娘接走了。

新娘被接到新郎家之后，要先行拜礼，拜祖先、父母以及亲戚长辈，并按规矩献茶，这就叫"拜茶"，比如民国时期的《镇海县志》里就有这样的记载："献茶于先人，曰拜茶。"讲的就是新娘被接到新郎家后行的拜茶礼。结婚后的第二天，男方家要带着礼物去女方家，而女方家则要回送礼物，普通的家庭回送茶的居多，但经济条件好的家庭也会回送一些更贵重的礼物，这叫作"送茶"，也叫"点茶盘"。

茶在婚姻风俗中的运用方式多种多样，一般都是与当地的生活特色相联系。实质上是借助茶中的丰富喻义来寄托美好的希望于爱情与婚姻之中；同时，也是对当地当时风俗习惯的一种遵从。下面我们再介绍一些具体的婚姻茶俗内容。

汉族有着丰富的婚姻茶俗内容，比如说旧时流行于四川西部一些地方的“摆茶宴”的婚俗。在新婚的第二天，新娘要拿出从娘家带来的各种果点和茶叶来招待男方的亲朋好友，这就是摆茶宴。虽然叫作摆茶宴，但是茶叶只占很小的一部分。

清朝时福建西部一带流行“定茶”习俗，在清光绪年间的《龙岩县志》中就有记载：“男家以花布手巾三条，银洋二圆诣女家见女，谓之‘定亲’。继而行聘，聘币外，佐以茶、椒、蜡烛、首饰等事，又备团、饼若干为饼礼，女家报以整圆红糖，视饼之半，谓之定茶。”可见，这里的定茶指的是定亲时男女双方互相赠送的定礼。

另外，旧时汉族居住地区也有一种叫作“传茶”的婚姻风俗，所谓传茶指的是在新婚三天之后，新娘要下厨房准备茶点，再向长辈和家里的其他亲戚分别送上这些茶点，也谓之“响茶”；但各地因具体风俗也呈现不同的特色。

少数民族婚姻风俗中也有着丰富的茶文化内容，比如流行于西北地区回族、东乡族和保安族聚居地的“送茶包”习俗。如果男方喜欢哪家的姑娘，男方家就请媒人去女方家提亲，如果女方家同意先接触一下，那么男方就要准备茶包了。茶包里要包上茯砖茶或毛尖、沱茶等茶叶，用大红纸包好，外面再贴上精美的剪纸，然后再和冰糖、红枣等一起装进红盒子中，外面用红线扎好。这个完成的茶包再由媒人送到女方家。这就是送茶包。可以说是婚姻风俗中非常重要的一环。

回族婚俗中有一种叫作“吃喜茶”的礼节，男方准备大量的日常生活用品，比如茯砖茶、牛肉、羊肉等送到女方家，然后女方回赠男方一些亲手缝制的布鞋、手巾、帽子等，既是礼节，也表示对未婚夫的关心。在这种互赠的仪式上，阿訇念《古兰经》表示祝福，并把男女双方的名字写在经名柬上，并由阿訇和媒人签上名字，分别交给双方父母。同一天，还要以茶水、糕点来招待各自的内亲。

在贵州侗族聚居区，流行着一种叫作“吃细茶”的婚俗。如果男女双方相悦，并且双方家长也同意婚事，他们就选定吉日，男方带上一包糖和一包细茶来到女方家，女方家长再把糖摆在桌子上，并泡好细茶，请寨子上的长辈和亲戚来品尝，这样，大家就都明白，他们家的女儿已经订婚了。此后如果有人再来提亲，女方家长就会这样回答：“我们的妹崽子已经吃过细茶了。”

藏族的结婚茶俗说法更多，比如有“扬茶歌”“赞茶歌”与“敬茶歌”。这是藏族群众婚姻关系确定过程中的三个阶段，通过扬茶、赞茶以及敬茶三个阶段的唱词，用茶的品质喻义来歌颂人们对爱情与婚姻的美好祝福。

藏族群众的婚俗中，新娘到夫家，要向夫家的客人们敬茶献茶。程序是，由丈夫把新娘领到厨房，让新娘用木勺把已经熬好的茶汤扬三下，然后盛满第一碗，双手献给家里的亲戚长辈们。长辈们就会唱起扬茶歌。这样，新娘再去舀满五大碗茶献给客人们，这时新娘和客人们就可以对唱赞茶歌和敬茶歌。

畲族的结婚茶俗也非常有特色。在浙江景宁畲族聚居地区，在举行婚礼的时候要有“婚礼茶”，就是在新人拜过堂之后，新娘逐一向长辈和亲朋敬茶，这种茶是加了红糖的茶，所以喝起来非常甜爽。宾客们喝完杯中的茶后，就要向杯子中放入一个小红包，里面包上一定的礼金，表示对新娘敬茶的回赠。

另外，在福建福安一带的畲族聚居区还有一种叫作“宝塔茶”的婚俗茶，是新郎迎娶新娘过门的时候，女方家出的一道难题。新郎迎娶新娘时，要由四名轿夫抬轿前去迎娶，由男方亲家伯带领。女方家要摆出一个宝塔形的茶碗阵，底下一大碗茶，中间三碗，上面还有一大碗，共三层。这时，亲家伯要接茶，他要用嘴先咬住最上面的一碗茶，然后用右手指夹起中间的三碗茶，左手拿起底下的那一碗，然后把手中的这四碗茶分别给轿夫，自己则喝光嘴咬着的那碗茶，但不能用手，而是在咬着的同时喝光。如果动作娴熟，则不会洒一滴茶，迎亲工作也会顺利完成，并获得女方称赞；但是如果不熟练，就会受到刁难和奚落。

在云南省盈江景颇族聚居地区，还有一种叫作“新婚春茶”的婚俗习惯。在结婚当日晚上，新郎和新娘被拉到寨内的石臼前，人们要求这两人同持一根木杵，用木杵舂捣石臼中的茶叶、鸡蛋、姜、蒜等，连续捣满十次才可以，如果中途停顿则要从头再来。

在广西壮族自治区还有一种“敬茶筛鞋”的风俗。男女结婚时，女方家的姐妹都要去送亲，举行完仪式后，由送亲的姐妹选出 2 ~ 3 人为代表唱“十说歌”，意为敦促新郎要对新娘多多关爱，二人和谐美满。唱完后，男方摆好筵席来款待送亲的人，并举行敬茶筛鞋仪式，男方派出一名年轻人手端竹筛依次来到女方每一位送亲者面前，送亲者就把准备好的礼鞋放入竹筛之中送给男方，男方年轻人则同时把准备好的红包一一送给送亲者。有趣的是，在筛鞋的过程，是以歌代说，就是以歌唱的形式相互问答，生动活泼。婚礼的氛围也异常热烈。

也有一些茶俗是强调新婚男女的饮茶的，以前我们常听说“交杯酒”，实际上，结婚仪式中也有“交杯茶”。比如湖南北部的洞庭湖地区就有在婚礼上新人喝交杯茶的风俗，新人一般在入洞房前喝交杯茶，象征着夫妻恩爱、幸福美满。交杯茶多用黑茶或红茶，茶汤红艳，由四方的茶盘盛放，由男方或女方的年轻女性双手献给新郎和新娘，新郎和新娘右手端茶，手臂交叉，一饮而尽。

而在云南南部地区的婚俗中，又有一种“合杯茶”，合杯茶是普洱茶汤，颜色红艳，在婚礼进行时由新郎和新娘共饮一杯，以此象征夫妻恩爱、同甘共苦、爱情永铸。

通过上面的简要介绍可以发现，婚姻风俗与茶文化有着密切的关系，茶文化中的许多内容被引入到婚姻风俗中，寄托了人们对爱情和婚姻的美好祝福。茶在婚姻的仪式和礼仪中，已经形成了独特的文化内容和体系，在一定的共性的前提下，不同地区和不同民族也有着各自的特点，成为社会和谐关系的重要组成部分，也成为中华优秀文化的一部分。

［本部分内容摘自赵国栋《茶谱系学与文化构建：走进西藏茶叶消费空间的秘密》“十四 中国传统茶文化精神”（西藏人民出版社 2017 年版），有改动。］

主要参考文献

［1］陶德臣. 中国传统市场研究——以茶叶为考察中心［M］. 北京：长虹出版公司，2013.

［2］朱自振，沈冬梅，增勤. 中国古代茶书集成［M］. 上海：上海文化出版社，2010.

［3］陈椽. 茶业通史［M］. 北京：中国农业出版社，2008.

［4］于观亭. 茶文化漫谈［M］. 北京：中国农业出版社，2003.

［5］张宏庸. 茶的历史［M］. 台北：茶学文学出版社，1987.

［6］吴觉农，胡浩川. 中国茶业复兴计划［M］. 北京：商务印书馆，1935.

［7］陈宗懋. 中国茶叶大辞典［M］. 北京：中国轻工业出版社，2010 年版.

后记

在平凡中，我们不能抛弃生活，更不能忽略我们存在的意义。繁忙是我们的生活常态，同样也是我的生活和工作模式。无论怎样的繁忙也不能成为停止思考和写作的理由，我不知道自己为什么会这样执着于这一信念。思考与写作给了我生命的快乐和意义，还有面对一切悲伤和思念时的精神陪伴。

本书的前半部分是简短的日常工作、学习和思考的记录，后半部分是2011—2012年读书的一些体会，并发表在《农业考古》《中国茶叶》等刊物上。文字没有贵贱之分，若有差别，则应该来源于它的内容和我们使用它时的自我状态。

在分分秒秒之间，这些文字伴随着我，哪怕是几个、几行，都如同刀刻石凿一般，虽谈不上光芒或火星四射，但对我来说一直是眼中的光亮。

如果我在这里，那么，我就这样生活着。

如果我去了远方，那么，这样的生活就在这里，记忆成岁月。

最后，仍旧把感谢镌刻在这里，致：我生命中的每一个人。

2019年1月